PROJECT

高等教育管理科学与工程类专业

GAODENG JIAOYU GUANLI KEXUE YU GONGCHENG LEI ZHUANYE 系列教材

市政工程造价实训

SHIZHENG GONGCHENG ZAOJIA SHIXUN

主　编 / 庞　洁

副主编 / 霍春梅　唐迎春

蒋文宇　韦潇淑

重庆大学出版社

内容提要

本书以市政工程造价为主线，紧紧围绕工程建设项目划分类型进行叙述。全书分5章介绍了绪论、土方工程实训、道路工程实训、排水工程实训、桥梁工程实训。本书内容系统、图文并茂、通俗易懂，贴近市政工程实际。

本书适合作为高等院校工程造价、市政工程等相关专业课程的配套教材，也可以作为相关专业技术人员培训或者自学用书。

图书在版编目(CIP)数据

市政工程造价实训 / 庞洁主编. -- 重庆 : 重庆大学出版社, 2024.2

高等教育管理科学与工程类专业系列教材

ISBN 978-7-5689-4408-3

Ⅰ. ①市… Ⅱ. ①庞… Ⅲ. ①市政工程—工程造价—高等学校—教材 Ⅳ. ①TU723.32

中国国家版本馆CIP数据核字(2024)第048707号

高等教育管理科学与工程类专业系列教材

市政工程造价实训

SHIZHENG GONGCHENG ZAOJIA SHIXUN

主 编 庞 洁

副主编 霍春梅 唐迎春 蒋文宇 韦潇淑

策划编辑:林青山

责任编辑:陈 力 版式设计:林青山

责任校对:谢 芳 责任印制:赵 晟

*

重庆大学出版社出版发行

出版人:陈晓阳

社址:重庆市沙坪坝区大学城西路21号

邮编:401331

电话:(023) 88617190 88617185(中小学)

传真:(023) 88617186 88617166

网址:http://www.cqup.com.cn

邮箱:fxk@cqup.com.cn (营销中心)

全国新华书店经销

重庆长虹印务有限公司印刷

*

开本:787mm×1092mm 1/16 印张:12.25 字数:307千

2024年2月第1版 2024年2月第1次印刷

印数:1—2 000

ISBN 978-7-5689-4408-3 定价:38.00元

前言

Foreword

本书以习近平新时代中国特色社会主义思想为指导，以市政工程造价为主线，紧紧围绕工程建设项目划分类型进行叙述，有机融入党的二十大精神。结合实际工程的需要，融合实践教学和理论教学，按照"会识图→全列项→精算量→活套价→汇计费""五步法"，对市政工程造价进行深入细致的讲解，注重培养学生的职业能力和职业素养。

本书共分为5章，其中第1章绪论由庞洁、蒋文宇、韦潇淑负责编写；第2章土方工程实训由唐迎春、庞洁负责编写；第3章道路工程实训由庞洁、霍春梅负责编写；第4章排水工程实训由庞洁、霍春梅负责编写；第5章桥梁工程实训由庞洁、唐迎春负责编写。全书由庞洁统稿。

本书内容新颖、系统、图文并茂、形象生动、通俗易懂，是深入贴近工程实际的市政工程应用类图书。本书以树立造价师应具有的职业规范和道德素养，在实现中华民族伟大复兴的梦想中增强使命感和责任感。本书可作为高等院校工程造价、市政工程等相关专业课程的配套教材，也可作为相关专业技术人员和自学者的参考和学习用书。

本书由广西财经学院庞洁担任主编，由广西财经学院霍春梅、唐迎春、蒋文宇和韦潇淑担任副主编，全书由广西财经学院庞洁统稿。在此，谨向支持和帮助过本书编写和出版的个人及单位表示衷心感谢。

由于编者水平所限，书中难免存在疏漏之处，恳请读者批评指正。

编　者

2023年12月

目 录

Contents

1 绪 论

1.1 工程造价概述

1.1.1 工程建设基本概念

工程建设也称为基本建设,是指固定资产扩大再生产的新建、扩建、改建、恢复工程及与之相关的其他工作。实质上,工程建设是把一定的物质资料如建筑材料、机器设备等,通过购置、建造和安装等活动转化为固定资产,形成新的生产能力或使用效益的过程,即形成新的固定资产的经济活动过程。与此相关的其他工作,如征用土地、勘察设计、筹建机构和生产职工培训等也属于工程建设的组成部分。

工程建设的内容主要包括建筑工程,安装工程,设备、工器具及生产家具的购置,其他工程建设工作。

(1)建筑工程

建筑工程指通过对各类房屋建筑及其附属设施的建造和与其配套的线路、管道、设备的安装活动所形成的工程实体。其中"房屋建筑"指有顶盖、梁柱、墙壁、基础以及能够形成内部空间,满足人们生产、居住、学习、公共活动等需要,包括厂房、剧院、旅馆、商店、学校、医院和住宅等;"附属设施"指与房屋建筑配套的水塔、自行车棚、水池等。"线路、管道、设备的安装"指与房屋建筑及其附属设施相配套的电气、给排水、通信、电梯等线路、管道、设备的安装活动。

(2)安装工程

安装工程指各种设备、装置的安装工程。通常包括电气、通风、给排水以及设备安装等工作内容,工业设备及管道、电缆、照明线路等往往也涵盖在安装工程的范围内。

(3)设备、工器具及生产家具的购置

设备、工器具及生产家具的购置指车间、学校、医院、车站等所应配备的各种设备、仪器、工卡模具、器具、生产家具和备品备件等的购置费用。

(4)其他工程建设工作

其他工程建设工作指除上述以外的各种工程建设工作,如勘察设计、征用土地、拆迁安置、生产职工培训、科学研究等。

为满足工程建设管理和造价管理需要,工程建设项目划分为建设项目、单项工程、单位工程、分部工程和分项工程5个基本层次,如图1.1所示。

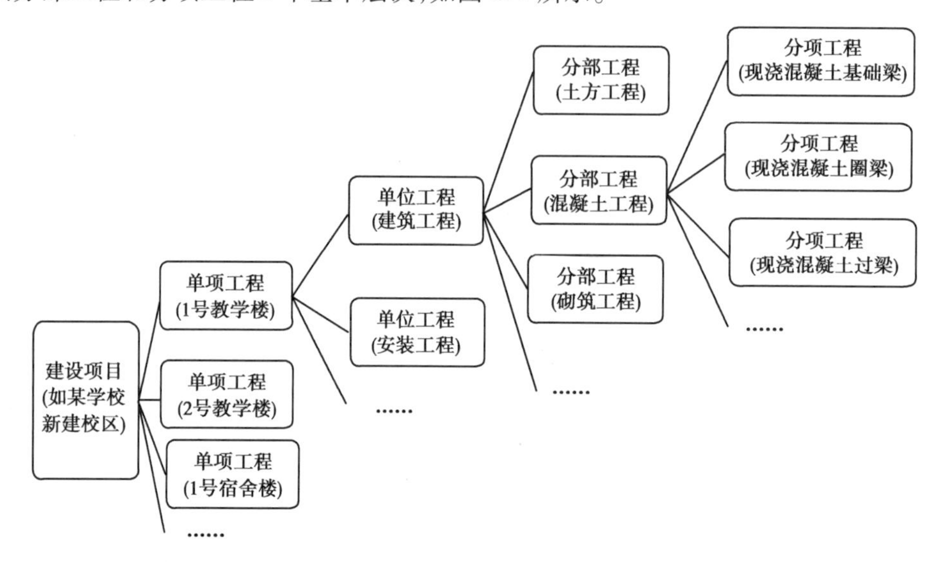

图1.1　工程建设项目的划分及实例图

1.1.2　工程造价的含义

工程造价是指工程的建造价格,即以货币形式反映工程在施工活动中所耗费的各种费用的总和。这里的工程泛指一切建设工程。在市场经济条件下,从不同角度分析,工程造价有不同含义。

①从投资者(即业主)的角度分析,工程造价是指为建设一项工程所预期开支或实际开支的全部固定资产投资费用,即一项工程通过建设形成相应的固定资产、无形资产所需一次性费用的总和,包括设备及工器具购置费、建筑安装工程费、工程建设其他费、预备费和建设期利息。其具体构成如图1.2所示。

②从市场交易,工程发包与承包价格的角度分析,工程造价是指为建成一项工程,预计或实际在土地市场、设备市场、技术劳务市场以及有形建筑市场等交易活动中所形成的建筑安装工程费用或建设工程总费用。这里的工程既可以是整个建设工程项目,也可以是一个或几个单项工程或单位工程,还可以是一个分部工程,如建筑安装工程、装饰装修工程等。随着科学技术的进步、社会分工的细化和交易市场的完善,工程价格的种类和形式也更加丰富。

1.1.3　工程计价及其特点

工程计价,就是对建筑工程产品价格的计算。目前工程计价的主要方式有两种:定额计价和工程量清单计价。前者是我国早期使用的一种计价方式,常用“工料单价法”,其原理是:按定额规则计算分项工程量→套消耗量定额→计算人工、材料、机械台班消耗量→各消耗量分别乘以当时当地人工、材料、机械台班单价并汇总，计算出单位工程直接费→计算各类费用、利润、税金→汇总形成单位工程造价。此方式所体现的是政府对工程价格的直接管理和调控，不能体现量价分离，不利于市场竞争。后者是国际上通用的方式，也是目前我国广泛推行的方式。按国家规定，使用国有资金投资的建设工程发承包，必须采用工程量清单计价方式。它是在建设工程招投标中，招标人自行或委托具有资质的中介机构编制反映工程实体消耗和措施性消耗的工程量清单，并作为招标文件的一部分提供给投标人，由投标人依据工程量清单自主报价的计价方式。此方式实现了量价分离，企业自主报价、有利于市场竞争。不管用哪一种计价方式，工程计价均有以下 5 个特点。

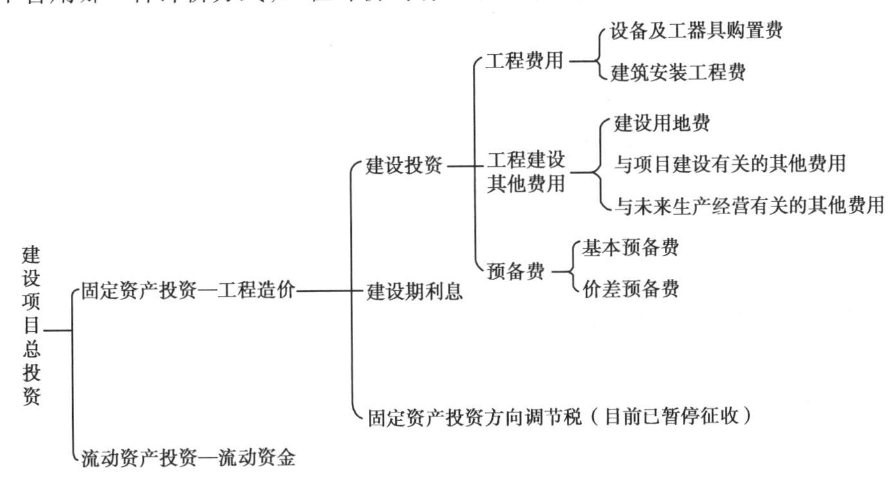

图 1.2　我国建设项目总投资和工程造价的构成图

(1)计价的单件性

建筑工程产品的个别差异性决定了每项工程都必须单独计算工程造价。不同建设项目有不同特点、功能和用途，因而导致其结构不同。项目所在地的气象、地质、水文等自然条件不同，以及建造地点、物价、社会经济等不同，都会直接或间接影响项目的工程造价。因此，每一个建设项目都必须因地制宜进行单独计价，任何建设项目的计价都是按照特定空间一定时间来进行的。

(2)计价的多次性

建设工程是按建设程序分阶段进行的，具有周期长、规模大、造价高的特点，这就要求在工程建设的各个阶段多次计价，以保证造价计算的准确性和控制的有效性。多次计价的特点是不断深化、细化和接近实际造价的过程。其过程如图 1.3 所示。

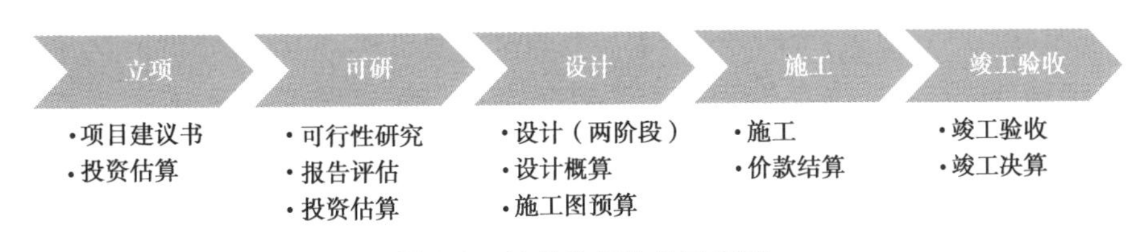

图 1.3　计价的多次性示意图

(3)计价的组合性

工程造价是逐步汇总计算而成的，一个建设项目总造价由各个单项工程造价组成，一个单项工程造价由各个单位工程造价组成,一个单位工程造价是按分部分项工程汇总计算得出,这也体现了计价组合的特点。所以,工程造价的计算过程和组合是:分项工程单价→分部工程造价→单位工程造价→单项工程造价→建设项目造价。

(4)计价方法的多样性

建设工程是按程序分阶段进行的,工程造价在各个阶段的精确度要求也各不相同,因而工程造价的计价方法也不是唯一和固定的。在可行性研究阶段,投资估算的方法有设备系数法、生产能力指数估算法等。在施工图设计阶段,施工图纸较完整,计算预算造价的方法有定额法和实物法等。不同的方法有不同的适用条件,计价应根据具体情况加以选择。

(5)计价依据的复杂性

工程造价构成的复杂性、影响因素众多和计价的多样性决定了其计价依据的复杂性和多样性。主要计价依据可分为以下 7 类。

①项目建议书、可行性研究报告、设计文件等计算依据。

②各种定额依据,以及计算人、材、机的实际消耗量依据。

③计算工程资料单价的依据,如人、材、机的单价等。

④计算工程设备单价的依据。

⑤计算各种费用的依据。

⑥计算规费和税金的依据。

⑦调整工程造价的依据,如造价文件规定、物价波动指数等。

1.2 市政工程概述

1.2.1 市政工程的概念

市政工程是指市政基础设施建设工程。在我国,市政基础设施是指在城市市区、镇(乡)规划建设范围内设置、基于政府责任和义务为居民提供有偿或无偿公共产品和服务的各种建筑物、构筑物、设备等。城市生活配套的各种公共基础设施建设都属于市政工程范畴,是国家工程建设的一个重要组成部分,也是城市(镇)发展和建设水平的一个衡量标准。

1.2.2 市政工程的内容

市政工程是一个总概念,按照专业不同,主要包括城市道路工程,城市桥梁,隧道工程,给水、排水工程,城市燃气、热力工程,城市轨道交通工程等,如图 1.4 所示。

本教材所讲述的市政工程是指狭义的市政工程概念,即包括城市道路工程、桥涵工程、排水工程以及相关土石方工程。

1.2.3 市政工程的特点

市政工程有着建设先行性、服务性和开放性等特点,在国家经济建设中起着重要作用,它不但解决城市交通运输、给水排水等问题,促进工农业生产,而且也大大改善了城市环境卫生,提高了城市的文明建设。市政工程又被称为“血管工程”,既输送着经济建设中的养料,又排除废物,沟通城乡之间的物质交流,对于促进工农业生产及科学技术的发展,改善城市面貌,对国家经济建设和人民物质文化生活水平的提高,有着极为重要的作用。

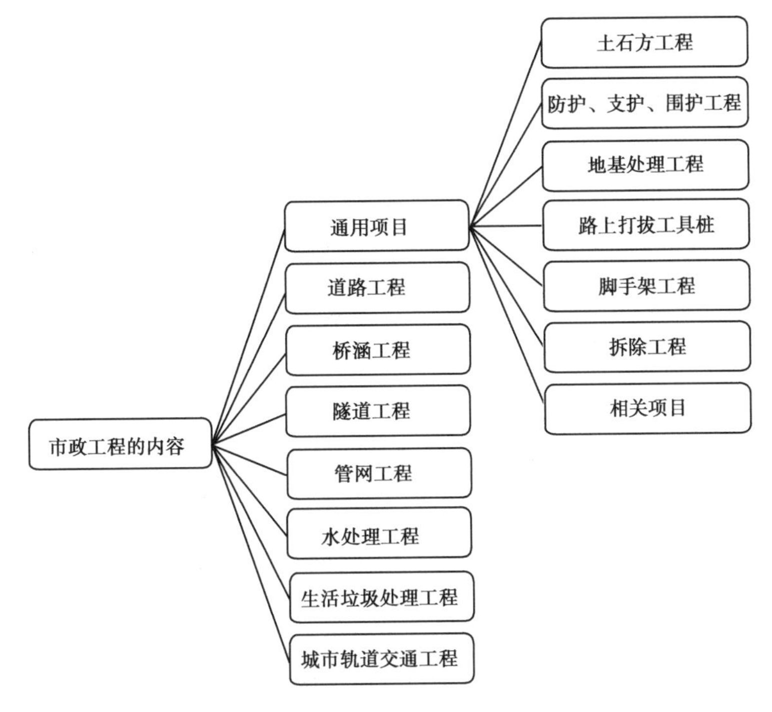

图1.4 市政工程的内容(按专业)

1)市政工程的特点

①产品具有固定性,建成后不能移动。

②工程投资巨大。一般工程在千万元左右,较大工程在亿元以上。

③工程类型多,工程量大。市政工程包括道路、桥梁、隧道、自来水厂、污水处理厂、泵站等工程,工程量很大。点型、线型、片型工程均有,如桥梁、泵站属于点型工程;道路、管道属于线型工程;自来水厂、城市污水处理厂属于片型工程。

④结构复杂。每个工程的结构不尽相同,特别是桥梁、污水处理厂等工程更为复杂。干线、支线配合,系统性强。例如,管网工程作为一个系统,干线要解决支线流量问题,否则互相堵截,造成排水不畅。

2)市政工程施工的特点

①施工生产的流动性。产品的固定性,决定了必须流动施工。

②施工生产的一次性。产品的类型不同,设计形式和结构不同,施工生产也就各有不同。

③工期长,投入的人力、物力、财力多。工程结构复杂,工程量大,从开工到最终完成交付使用的时间较长,一项工程往往要施工几个月,长的甚至几年才能施工完成。

④施工的连续性。工程开工后,必须根据施工程序连续进行,不能间断,否则会造成很大的损失。

⑤协作性强。需要地上、地下工程的配合，材料供应、水源、电源、交通运输等的配合，以及工程所在地政府各有关部门、市民的配合。

⑥露天作业。产品的特点决定施工生产需要露天作业。

⑦季节性强。气候影响大，一年四季、雨雾风雪及气温高低，都可能给工程施工带来较多困难。

⑧按实计量的工程量较多。市政工程大多涉及土方开挖、污水管埋设、雨水管道施工、路面铺装施工、绿化工程施工等，施工点的分散导致牵涉范围较广，且隐蔽工程非常多，须按实计量的工程量较大。

⑨协调组织要求高。参与市政工程项目建设的专业分部分项施工队伍较多，牵涉范围较广，在工程建设后期多工种、交叉施工较多，组织协调工作量大。

在建设项目的安排和施工操作方面，特别是在制订工程投资或造价方面都必须尊重市政工程建设的客观规律，严格按照程序办事。

1.3 市政工程费用的组成

市政工程费用是指市政工程施工发承包工程造价。根据2022年《广西壮族自治区市政工程消耗量定额及费用定额》的规定，市政工程费用组成划分为两种形式。一是按照费用构成要素划分为直接费、企业管理费、利润和增值税组成。二是按照工程造价形成划分为分部分项工程及单价措施项目费、总价措施项目费、其他项目费组成。

1.3.1 按照费用构成要素划分的市政工程费

根据2022年《广西壮族自治区市政工程费用定额》的规定，按照费用构成要素划分为建设工程费用由直接费、企业管理费、利润和增值税组成。采用一般计税法计价时，费用组成中的增值税为增值税销项税，其余各项费用的价格不包含增值税进项税额（即除税价），具体见表1.1；采用简易计税法计价时，费用组成中的增值税为应纳增值税，其余各项费用的价格包含增值税进项税额（即含税价），具体见表1.2。

1）直接费

直接费由人工费、材料费、施工机械使用费组成。

①人工费：指按工资总额构成规定，支付给从事工程施工的生产工人的各项费用。包括下述内容。

a. 计时工资或计件工资：是指按计时工资标准和工作时间或已做工作按计件单价支付给个人的劳动报酬。

b. 津贴、补贴：指为了补偿职工特殊或额外的劳动消耗和因其他特殊原因支付给个人的津贴，以及为了保证职工工资水平不受物价影响支付给个人的物价补贴，如流动施工津贴、高温作业临时津贴、高空津贴等。

c. 特殊情况下支付的工资：是指根据国家法律、法规和政策规定，因病、工伤、产假、计划生育假、婚丧假、事假、探亲假、定期休假、停工学习、执行国家或社会义务等原因按计时工资标准或计时工资标准的一定比例支付的工资。

d. 支付给工人自备工具的费用。

e. 为生产工人缴纳的社会保障费用(养老保险、失业保险费、医疗保险费、工伤保险费)。

②材料费:指施工过程中耗费的原材料、辅助材料、构配件、零件、半成品、成品、工程设备的费用和周转使用材料的摊销(或租赁)费用,包括下述内容。

a. 材料原价:是指材料、工程设备的出厂价格或商家供应价格。

b. 运杂费:是指材料自来源地运至工地仓库或指定堆放地点所发生的全部费用。

c. 运输损耗费:是指材料在运输装卸过程中不可避免的损耗。

d. 采购及保管费:是指为组织采购、供应、保管材料的过程中所需要的各项费用。包括采购费、仓储费、工地保管费、仓储损耗。

③施工机械使用费:指施工作业所发生的机械使用费以及机械安拆费和场外运输费或其租赁费,由下列 7 项费用组成:

a. 折旧费:指施工机械在规定的使用年限内,陆续收回其原值的费用及购置资金的时间价值。

b. 大修理费:指施工机械按规定的大修理间隔台班进行必要的大修理,以恢复其正常功能所需的费用。

c. 经常修理费:指施工机械除大修理以外的各级保养和临时故障排除所需的费用。包括为保障机械正常运转所需替换设备与随机配备工具附具的摊销和维护费用,机械运转中日常保养所需润滑与擦拭的材料费用及机械停滞期间的维护和保养费用等。

d. 安拆费及场外运费:安拆费指施工机械(大型机械除外)在现场进行安装与拆卸所需的人工、材料、机械和试运转费用以及机械辅助设施的折旧、搭设、拆除等费用;场外运费指施工机械整体或分体自停放地点运至施工现场或由一施工地点运至另一施工地点的运输、装卸、辅助材料及架线等费用。

e. 机上人工费:指机上司机和其他操作人员的人工费。

f. 燃料动力费:指施工机械在运转作业中所消耗的各种燃料及水、电等。

g. 税费:指施工机械按照国家规定应缴纳的车船税、保险费及年检费等。

2)企业管理费

企业管理费是指施工企业组织施工生产和经营管理所需的费用。内容包括:

(1)管理人员工资

①按规定支付给管理人员的计时工资、津贴补贴、加班加点工资及特殊情况下支付的工资等。

②管理人员社会保险费(养老保险、失业保险费、医疗保险费、工伤保险费)及住房公积金。

(2)办公费

办公费是指企业管理办公用的文具、纸张、账表、印刷、邮电、书报、办公软件、现场监控、会议、水电、烧水和集体取暖降温(包括现场临时宿舍取暖降温)等费用。

(3)差旅交通费

差旅交通费是指职工因公出差、调动工作的差旅费、住勤补助费,市内交通费和误餐补助费,职工探亲路费,劳动力招募费,职工退休、退职一次性路费,工伤人员就医路费,工地转移费以及管理部门使用的交通工具的油料、燃料等费用。

（4）固定资产使用费

固定资产使用费是指管理和附属生产单位使用的属于固定资产的房屋、设备、仪器等的折旧、大修、维修或租赁费。

（5）工具用具使用费

工具用具使用费是指企业管理使用的不属于固定资产的工具、器具、家具、交通工具、测绘、消防用具等的购置、维修和摊销费。

（6）劳动保险和职工福利费

劳动保险和职工福利费是指由企业支付的职工退职金、按规定支付给离休干部的经费，集体福利费、冬季取暖补贴、上下班交通补贴等。

（7）劳动保护费

劳动保护费是企业按规定发放的劳动保护用品的支出。如工作服、手套、防暑降温饮料以及在有碍身体健康的环境中施工的保健费用等。

（8）工会经费

工会经费是指企业按《中华人民共和国工会法》规定的全部职工工资总额比例计提的工会经费。

（9）职工教育经费

职工教育经费是指按职工工资总额的规定比例计提，企业为职工进行专业技术和职业技能培训，专业技术人员继续教育、职工职业技能鉴定、职业资格认定以及根据需要对职工进行各类文化教育所发生的费用。

（10）财产保险费

财产保险费是指施工管理用财产、车辆等的保险费用。

（11）财务费

财务费是指企业为施工生产筹集资金或提供预付款担保、履约担保、职工工资支付担保等所发生的各种费用。

（12）税金及附加税费

税金及附加税费是指企业按规定缴纳的房产税、非施工机械车船税、土地使用税、印花税、城市维护建设税、环境保护税、教育费附加、地方教育费附加等。

（13）其他

其他包括技术转让费、技术开发费、投标费、业务招待费、绿化费、广告费、公证费、法律顾问费、审计费、咨询费、保险费等。

3）利润

承包人完成合同工程获得的盈利。

4）增值税

一般计税法建设项目的增值税为增值税销项税，简易计税法建设项目的增值税为应纳增值税。

1.3.2 按照工程造价形成划分的市政工程费

根据 2022 年《广西壮族自治区市政工程消耗量定额及费用定额》的规定，按照工程造价形成划分为由分部分项工程费及单价措施项目费、总价措施项目费、其他项目费组成。其中分部分项工程及单价措施项目综合单价、计日工单价均包含人工费、材料费、施工机具费、管理费、利润、增值税以及一定范围内的风险费用。具体见表 1.3 及表 1.4。

1)分部分项工程费

分部分项工程费是指施工过程中，建设工程的分部分项工程应予列支的各项费用。分部分项工程划分见现行国家建设工程的工程量计算规范。

2)措施项目费

为完成工程项目施工，发生于该工程施工准备和施工过程中的技术、生活、安全、环境保护等方面的项目[混凝土模板及支撑(桥梁支架除外)的支、拆、运输费用和摊销或租赁费用以及混凝土泵送费用计入混凝土综合单价，不作为措施费计列]，包括单价措施项目费和总价措施项目费。

(1)单价措施项目费

措施项目中以单价计价的项目，即根据工程施工图(含设计变更)和相关工程现行国家计量规范及广西计量规范细则规定的工程量计算规则进行计量，与已标价工程量清单相应综合单价进行价款计算的项目。

市政工程单价措施项目主要有：

①脚手架工程费：是指施工需要的各种脚手架搭、拆、运输费用及脚手架的摊销(或租赁)费用。

②垂直运输机械费：是指合理工期内完成单位工程全部项目所需的垂直运输机械台班费用。

③围堰、施工排水、降水费：是指为确保工程在正常条件下施工，采取各种排水、降水措施所发生的各种费用。

④已完工程及设备保护费：是指竣工验收前，对已完工程及设备进行保护所需的费用。

⑤二次搬运费：是指因施工场地条件限制而发生的材料、构配件、半成品等一次运输不能到达堆放地点，必须进行二次或多次搬运所发生的费用。

⑥大型机械设备进出场及安拆费：是指大型机械整体或分体自停放场地运至施工现场或由一个施工地点运至另一个施工地点所发生的机械进出场运输转移费用，及机械在施工现场进行安装、拆卸所需的人工费、材料费、机械费、试运转费和安装所需的辅助设施的费用。

⑦夜间施工增加费：是指因夜间施工所发生的夜班补助费、夜间施工降效、夜间施工照明设备摊销及照明用电等费用。但不包括洞内施工的工程(包括采用暗挖法施工的车站、区间、出入口、风道与联络通道，盾构法施工的区间隧道及盖挖法施工的车站顶板以下部位的工程)。

⑧现场施工围栏：是指为达到安全文明施工需要的各种施工围栏搭拆、运输费用，施工

围栏购置费的摊销(或租赁)使用费。

⑨施工便道、便桥费:为完成主体施工必要的过渡性临时道路、桥梁的费用。

⑩施工排水、降水费:为确保工程在正常条件下施工,采取各种排水、降水措施所发生的各种费用。

⑪水上桩基础支架平台费:是指为满足水中桥墩桩基础施工而采用钢管柱作为支架的立柱,用万能杆件拼装横梁并放置于钢管柱顶而形成的支架平台所发生的搭、拆、运输费用以及使用(或租赁)费用。

⑫桥涵支架费:是指就地浇筑混凝土或钢筋混凝土梁板时所采用的支撑全部或部分梁(板)的重量,并保证梁(板)的线形符合设计要求的支撑结构所发生的搭、拆、运输费用以及使用(或租赁)费用。

⑬筑岛、围堰费:是指为确保工程在正常条件下作业,采取筑岛、围堰方式施工所发生的措施费。

⑭便道、便桥费:是指施工期间设置过渡段临时道路、桥梁(指铺轨基地或大型预制梁场至施工现场社会交通以外的临时道路、桥梁)及根据交通管理部门的要求与规定的设计标准,设置临时社会交通导行道路、桥梁所发生费用。包括便道、便桥、临时路面铺盖系统。

⑮洞内施工的通风、供水、供电、照明、通信及运输轨道等设施费:是指隧道施工时,为保证正常的作业条件与施工环境,在洞内设置的通风、供水、供电、照明、通信及运输轨道等设施的安装、使用、周转与摊销费用。

⑯临时支撑费:是指为保证施工安全,在明挖车站、区间、出入口、风道等基坑内支设临时支撑所发生的费用。

⑰地下管线交叉处理费:是指施工过程中对现有施工场地范围内各种地下交叉管线进行加固及处理所发生的费用。但不包括地下管线或设施改移发生的费用。

⑱大型预制梁场设施费:是指现场为制作与存放大型预制混凝土梁而特设预制场地的建设、拆除与恢复费用。

⑲铺轨基地设施费:是指现场为轨道铺设进行轨排拼装、长钢轨焊接、材料加工与存放场地以及基地临时设施的建设、拆除与恢复费用。

(2)总价措施项目费

总价措施项目费是指措施项目中以总价计价的项目,即此类项目在现行国家计量规范及广西计量规范细则中无工程量计算规则,以总价(或计算基础乘费率)计算的项目。市政工程总价措施项目主要有:

①安全文明施工费。安全文明施工费包含下述4项费用。

a. 环境保护费:是指施工现场为达到环保部门要求所需要的各项费用。

b. 文明施工费:是指施工现场文明施工所需要的各项费用。

c. 安全施工费:是指施工现场安全施工所需要的各项费用。

d. 临时设施费:是指施工企业为进行建设工程施工所必须搭设的生活和生产用的临时建筑物、构筑物和其他临时设施费用。

②工程定位复测费:是指工程施工过程中进行全部施工测量放线和复测工作的费用。

③检验试验配合费:是指施工单位配合检测机构按规定进行建筑材料、构配件等试样的制作、封样、送检和其他保证工程质量进行的检验试验所发生的费用。

④雨季施工增加费:指在雨季施工期间所增加的费用。包括防雨措施、排水、工效降低

等费用。

⑤优良工程增加费:招标人要求承包人完成的单位工程质量达到合同约定为优良工程所必须增加的施工成本费。

⑥交叉施工补贴:市政工程与设备安装工程进行交叉作业而相互影响的费用。

⑦行人行车干扰增加费:改扩建工程在施工过程中包括因干扰造成的降效及专设的指挥交通的人员增加的费用,但封闭施工的工程、厂区、生活区、专用道路不得计算。

⑧施工监测、监控费:是指施工过程中对洞内工作环境的有毒有害气体、空气粉尘浓度的检测与对洞内、洞外、基坑围护结构体系、盾构施工等施工环境物理变化进行的监控测量所发生的人工、辅助材料与检测量测设备的维修保养、使用和折旧摊销等费用。

⑨压缩工期增加费:承包人应发包人压缩工期的要求而采取加快工程进度措施由此增加的费用。压缩工期增加费有两种情形:

a. 是指招标工期比定额工期压缩工期天数达20%以上时,由发包人在工程量清单的总价措施项目中增列压缩工期增加费清单,投标人根据发包人要求压缩工期所需要采取的措施进行报价。

b. 是指发包人要求在合同工期基础上提前竣工所增加的压缩工期增加费。可在合同中约定每提前一天发包人应支付承包人的费用。如发包人要求提前竣工较多,超出常规的,不按提前天数计算费用,而按经专家委员会审定后的提前竣工措施方案计算压缩工期增加费报发包人审批。

计取压缩工期增加费的工程不应同时计取夜间施工增加费。

⑩其他施工组织措施费:是指根据各专业、地区及工程特点补充的施工组织措施费用项目。

3)其他项目费

①暂列金额:招标人在工程量清单中暂定并包括在合同价款中的一笔款项。用于工程合同签订时尚未确定或者不可预见的所需材料、工程设备、服务的采购,施工中可能发生的工程变更、合同约定调整因素出现时的合同价款调整以及发生的索赔、现场签证等确认的费用。

②暂估价:招标人在工程量清单中提供的用于支付必然发生但暂时不能确定价格的材料、工程设备的单价以及专业工程的金额。包括材料设备暂估价、专业工程暂估价。

③计日工:在施工过程中,承包人完成发包人提出的工程合同范围以外的零星项目或工作,按合同中约定的综合单价计价的一种方式。

④总承包服务费:总承包人为配合协调发包人进行的专业工程发包,对发包人自行采购的材料、工程设备等进行保管以及施工现场管理、竣工资料汇总整理等服务所需的费用。一般包括总分包管理费、总分包配合费、甲供材的采购保管费。

a. 总分包管理费是指总承包人对分包工程和分包人实施统筹管理而发生的费用,一般包括:涉及分包工程的施工组织设计、施工现场管理协调、竣工资料的汇总整理等活动所发生的费用。

b. 总分包配合费是指分包人使用总承包人的现有设施所支付的费用。一般包括:脚手架、垂直运输机械设备、临时设施、临时水电管线的使用,提供施工用水电及总包和分包约定的其他费用。

c. 甲供材的采购保管费是指发包人供应的材料需承包人接收及保管的费用。

总承包服务费率与工作内容可参照本定额的规定约定,也可以由甲乙双方在合同中约定按实际发生计算。

⑤停工窝工人工补贴:施工企业进入现场后,由于设计变更、停水、停电累计超过 8 h(不包括周期性停水、停电)以及按规定应由建设单位承担责任的原因造成的、现场调剂不了的停工、窝工损失费用。

⑥机械台班停滞费:非承包商责任造成的机械停滞所发生的费用。

表 1.1　一般计税法建设工程费用组成表(按构成要素分)

<table>
<tr><td rowspan="31">建设工程费用</td><td rowspan="16">直接费(除税价)</td><td rowspan="5">人工费(除税价)</td><td>计时工资(或计件工资)</td></tr>
<tr><td>津贴、补贴</td></tr>
<tr><td>特殊情况下支付的工资</td></tr>
<tr><td>生产工人自备工具补贴</td></tr>
<tr><td>社会保障费</td></tr>
<tr><td rowspan="4">材料费(除税价)</td><td>材料原价</td></tr>
<tr><td>运杂费</td></tr>
<tr><td>运输损耗费</td></tr>
<tr><td>采购及保管费</td></tr>
<tr><td rowspan="7">施工机械使用费(除税价)</td><td>折旧费</td></tr>
<tr><td>大修理费</td></tr>
<tr><td>经常修理费</td></tr>
<tr><td>安拆费及场外运费</td></tr>
<tr><td>人工费</td></tr>
<tr><td>燃料动力费</td></tr>
<tr><td>税费</td></tr>
<tr><td colspan="2" rowspan="13">管理费(除税价)</td><td>管理人员工资(含社会保障费)</td></tr>
<tr><td>办公费</td></tr>
<tr><td>差旅交通费</td></tr>
<tr><td>固定资产使用费</td></tr>
<tr><td>工具用具使用费</td></tr>
<tr><td>劳动保险及职工福利费</td></tr>
<tr><td>劳动保护费</td></tr>
<tr><td>工会经费</td></tr>
<tr><td>职工教育经费</td></tr>
<tr><td>财产保险费</td></tr>
<tr><td>财务费</td></tr>
<tr><td>税金及附加费</td></tr>
<tr><td>其他</td></tr>
<tr><td colspan="3">利润</td></tr>
<tr><td colspan="3">增值税销项税</td></tr>
</table>

表 1.2 简易计税法建设工程费用组成表(按构成要素分)

建设工程费用	直接费(含税价)	人工费(含税价)	计时工资(或计件工资)
			津贴、补贴
			特殊情况下支付的工资
			生产工人自备工具补贴
			社会保障费
		材料费(含税价)	材料原价
			运杂费
			运输损耗费
			采购及保管费
		施工机械使用费(含税价)	折旧费
			大修理费
			经常修理费
			安拆费及场外运费
			人工费
			燃料动力费
			税费
	管理费(含税价)		管理人员工资(含社会保障费)
			办公费
			差旅交通费
			固定资产使用费
			工具用具使用费
			劳动保险及职工福利费
			劳动保护费
			工会经费
			职工教育经费
			财产保险费
			财务费
			税金及附加费
			其他
	利润		
	应纳增值税		

表 1.3 一般计税法建设工程费用组成表(按工程造价形成分)

<table>
<tr><td rowspan="16">建设工程费</td><td colspan="3">分部分项工程费(除税价)</td><td rowspan="16">1. 人工费(除税价)
2. 材料费(除税价)
3. 机械费(除税价)
4. 管理费(除税价)
5. 利润(除税价)
6. 增值税销项税</td></tr>
<tr><td rowspan="10">措施项目费(除税价)</td><td rowspan="5">单价措施费</td><td>二次搬运费</td></tr>
<tr><td>大型机械设备进出场及安拆费</td></tr>
<tr><td>夜间施工增加费</td></tr>
<tr><td>已完工程及设备保护费</td></tr>
<tr><td>……</td></tr>
<tr><td rowspan="5">总价措施费</td><td>安全文明施工费</td></tr>
<tr><td>检验试验配合费</td></tr>
<tr><td>雨季施工增加费</td></tr>
<tr><td>压缩工期增加费</td></tr>
<tr><td>……</td></tr>
<tr><td rowspan="4">其他项目费(除税价)</td><td colspan="2">暂列金额</td></tr>
<tr><td colspan="2">暂估价(材料暂估价、专业工程暂估价)</td></tr>
<tr><td colspan="2">计日工</td></tr>
<tr><td colspan="2">总承包服务费</td></tr>
</table>

表 1.4 简易计税法建设工程费用组成表(按工程造价形成分)

<table>
<tr><td rowspan="16">建设工程费</td><td colspan="3">分部分项工程费(含税价)</td><td rowspan="16">1. 人工费(含税价)
2. 材料费(含税价)
3. 机械费(含税价)
4. 管理费(含税价)
5. 利润(含税价)
6. 应纳增值税</td></tr>
<tr><td rowspan="10">措施项目费(含税价)</td><td rowspan="5">单价措施费</td><td>二次搬运费</td></tr>
<tr><td>大型机械设备进出场及安拆费</td></tr>
<tr><td>夜间施工增加费</td></tr>
<tr><td>已完工程及设备保护费</td></tr>
<tr><td>……</td></tr>
<tr><td rowspan="5">总价措施费</td><td>安全文明施工费</td></tr>
<tr><td>检验试验配合费</td></tr>
<tr><td>雨季施工增加费</td></tr>
<tr><td>压缩工期增加费</td></tr>
<tr><td>……</td></tr>
<tr><td rowspan="4">其他项目费(含税价)</td><td colspan="2">暂列金额</td></tr>
<tr><td colspan="2">暂估价(材料暂估价、专业工程暂估价)</td></tr>
<tr><td colspan="2">计日工</td></tr>
<tr><td colspan="2">总承包服务费</td></tr>
</table>

1.4 实训任务

1. 如何划分工程建设项目？试举例说明它们之间的关系。
2. 简述工程造价的含义。
3. 工程计价有哪几种方式？试论述它们之间的区别。
4. 简述工程计价的特点。
5. 简述市政工程的特点及项目划分。
6. 简述市政工程的费用组成。

2 土方工程实训

2.1 相关知识

2.1.1 挖一般土石方

1)基本概念

挖沟槽、基坑、平整场地和一般土方的划分:

①底宽7 m以内,底长大于3倍以上为沟槽。

②底长小于底宽3倍以内且坑底面积在150 m^2以内为基坑。

③厚度在30 cm以内就地挖、填土为平整场地。平整场地适用于桥涵、水处理(泵站、池类等)工程等需要由施工单位完成平整场地的情况,一般道路和排水管道工程不得计算平整场地费用。

④超过上述范围的土方按挖一般土方计算。

2)计算规则

按设计图示尺寸以体积计算。

3)计算方法

在市政工程中,挖一般土石方常见的计算内容有道路路基土石方、广场等大面积土石方。道路工程挖一般土石方工程量可采用横截面法进行计算,大面积场地挖土石方工程量可采用方格网法进行计算。

(1)横截面法

横截面法又称积距法。在计算时,通常利用道路工程逐桩横断面图或土方计算表进行土石方工程量的计算。首先根据横截面面积计算土石方工程量,其计算公式为:

$$V_{ij} = \frac{1}{2}(F_i + F_j)L_{ij} \tag{2.1}$$

式中 V_{ij}——相邻两截面间的土方工程量，m^3；

F_i, F_j——相邻两截面间的挖(填)方截面面积,m^2；

L_{ij}——相邻两截面间的间距,m。

然后再将整个道路工程各截面间的填方(或挖方)的土方工程量进行汇总,求出总土方工程量。

(2)方格网法

方格网法适用于广场等大面积场地土石方工程量的计算。其步骤如下：

①方格网的划分。方格网法是根据地形图,将场地划分为边长为(10 m×10 m)~(50 m×50 m)的正方形方格网,通常采用 20 m×20 m 方格;将各点场地设计标高和自然地面标高分别标注在方格的右下角、左下角,计算出各点的施工高度,填在方格网各角点右上角,计算公式如下：

$$\text{施工高度} = \text{自然地面标高} - \text{场地设计标高} \tag{2.2}$$

计算结果为"+"表示挖方,"-"表示填方。

②确定零点位置。为了解整个场地的挖、填区域分布状态,计算前应先确定"零线"的位置。零线即挖方区与填方区的分界线,在该线上的施工高程为零,即零点。将各相邻的零点连接起来即零线,零线确定后,才可以进行土方工程量计算。零点位置计算公式如下：

$$x = \frac{ah_1}{h_1 + h_2} \tag{2.3}$$

式中 x——角点至零点的中距离,m;

h_1, h_2——相邻两角点的施工高度,m,均采用绝对值;

a——方格网的边长,m。

③计算各方格网土石方工程量。常用方格网底面图形及计算公式见表 2.1,可计算每个方格内的挖方量或填方量。

表 2.1　常用方格网底面图形及计算公式

项目	图示	计算公式
一点填方或挖方(三角形)		$V = \frac{1}{2}bc\frac{\sum h}{3} = \frac{bch_3}{6}$ 当 $b = c = a$ 时,$V = \frac{a^2h_3}{6}$
两点填方或挖方(梯形)		$V - = \frac{b+c}{2}a\frac{\sum h}{4} = \frac{a}{8}(b+c)(h_1+h_3)$ $V + = \frac{d+e}{2}a\frac{\sum h}{4} = \frac{a}{8}(d+e)(h_2+h_4)$

续表

项目	图示	计算公式
三点填方或挖方（五角形）	h_1 h_2 c h_3 h_4 b	$V=\left(a^2-\frac{bc}{2}\right)\frac{\sum h}{5}$ $=\left(a^2-\frac{bc}{2}\right)\frac{h_1+h_2+h_4}{5}$
四点填方或挖方（正方形）	h_1 h_2 h_3 h_4	$V=\frac{a^2}{4}\sum h=\frac{a^2}{4}(h_1+h_2+h_3+h_4)$
注：a——方格网的边长,m; b,c——零点到一角的边长,m; h_1,h_2,h_3,h_4——方格网四角点的施工高度,m,用绝对值表示; $\sum h$——填方或挖方施工高度的总和,m,用绝对值表示; V——挖方或填方的体积，m^3。		

④土方工程量汇总计算。分别将挖方区和填方区所有方格计算的土方量进行汇总,即得该场地挖方区和填方区的总土方工程量。

2.1.2 挖沟槽土石方

1)基本概念

凡图示沟槽底宽 7 m 以内,且沟槽底长大于槽宽 3 倍以上的,为沟槽。

2)计算规则

按设计图示尺寸以体积计算,因工作面(或支挡土板)和放坡增加工程量并入挖沟槽土方工程量计算,管道接口工作坑和各类井室增加工程量按全部沟槽土方总量的 2.5% 并入挖沟槽土方工程量计算。

3)计算方法

挖沟槽土石方一般常见的是市政排水管道工程,挖沟槽土石方工程量计算公式如下:

$$V_{挖}=S_{断}L \tag{2.4}$$

式中 $V_{挖}$——挖方工程量，m^3;

$S_{断}$——沟槽断面面积,m^2;

L——沟槽长度,m。

①有工作面、不放坡(图 2.1)。其断面面积为:

$$S_{断}=(B+2C)\times H \tag{2.5}$$

②从垫层下表面放坡(图 2.2),当垫层支模板需留工作面时,放坡自垫层下表面开始。其断面面积为:

$$S_{断}=(B+2C+KH)\times H \tag{2.6}$$

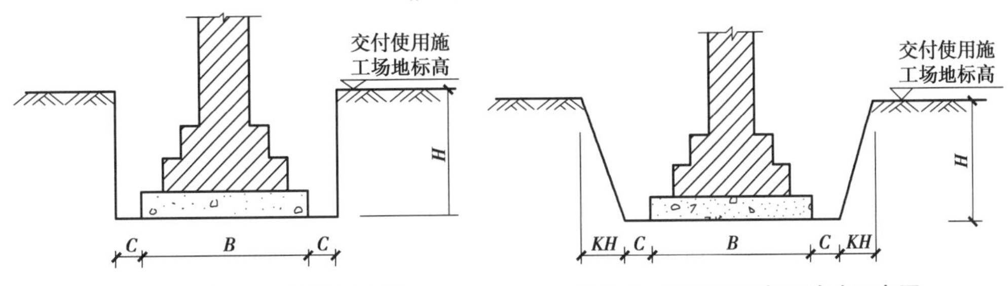

图 2.1　有工作面、不放坡示意图

图 2.2　从垫层下表面放坡示意图

③从垫层上表面放坡(图 2.3),当原槽、坑作基础垫层时,放坡自垫层上表面开始。其断面面积为:

$$S_{断}=B\times H_1+(B_1+2C+KH_2)\times H_2 \tag{2.7}$$

④有工作面、支挡土板(图 2.4)。其断面面积为:

$$S_{断}=(B+2C+2\times 0.1)\times H \tag{2.8}$$

式中　H——挖土深度,m;

C——工作面宽度,m,按表 2.8 规定计算;

K——放坡系数,按表 2.6 确定计算;

B——垫层底面宽度,m;

B_1——基础底面宽度,m;

H_1——垫层的高,m;

H_2——垫层上表面至交付使用施工场地标高之间高度,m。

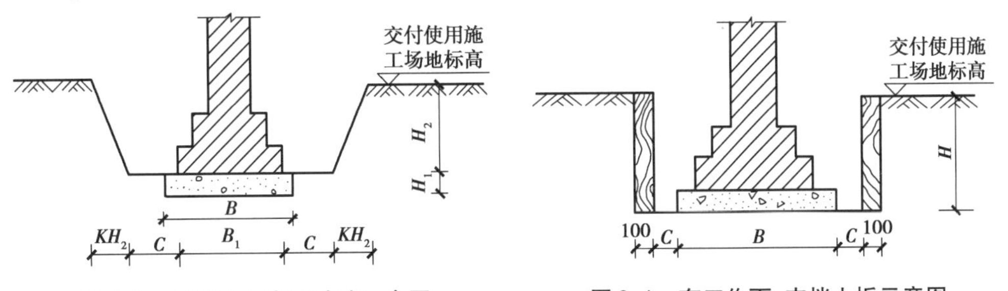

图 2.3　从垫层上表面放坡示意图

图 2.4　有工作面、支挡土板示意图

2.1.3　挖基坑土石方

1)基本概念

凡图示底长小于底宽 3 倍以内且坑底面积在 150 m^2 以内的,为基坑。

2)计算规则

按设计图示尺寸以体积计算,因工作面(或支挡土板)和放坡增加工程量并入挖基坑土方工程量计算。

3)计算方法

常见的基坑形式有矩形基坑和圆形基坑。

①有工作面、不放坡。

$$\text{矩形基坑:}\quad V=(a+2C)\times(b+2C)\times H \tag{2.9}$$

②有工作面、支挡土板。

$$\text{矩形基坑:}V=(a+2C+2\times0.1)\times(b+2C+2\times0.1)\times H \tag{2.10}$$

③从垫层下表面放坡的矩形基坑(图2.5)。

$$\text{矩形基坑:}V=(a+2C+KH)\times(b+2C+KH)\times H+\frac{1}{3}K^2H^3 \tag{2.11}$$

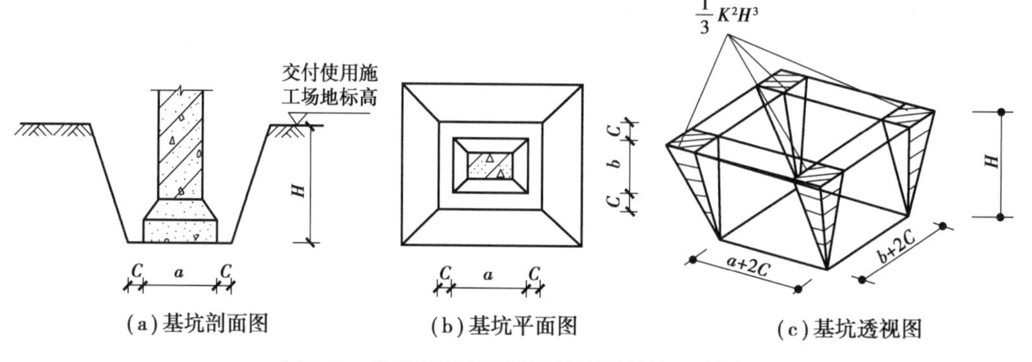

(a)基坑剖面图　(b)基坑平面图　(c)基坑透视图

图2.5　从垫层下表面放坡的矩形基坑示意图

④从垫层上表面放坡的矩形基坑(图2.6)。

$$\text{矩形基坑:}V=abH_2+(a_2+2C+KH_1)\times(b_2+2C+KH_1)\times H_1+\frac{1}{3}K^2H_1^3 \tag{2.12}$$

式中　V——挖基坑工程量,m^3;

a,b——分部为垫层的长、宽,m;

a_2,b_2——分部为基础底面的长、宽,m;

H——挖土深度,$H=H_1+H_2$,m;

H_1——垫层上表面至交付使用施工场地标高之间高度,m;

H_2——垫层的高,m;

$\frac{1}{3}K^2H_1^3$——基坑四角锥体的土方体积,m^3;

C——工作面宽度,m,按表2.8规定计算;

K——放坡系数,按表2.6确定计算;

0.1——单面支挡土板的厚度,m。

⑤从垫层下表面放坡的圆形基坑(图2.7)。

$$\text{圆形基坑:}\quad V=\frac{1}{3}\pi H(R^2+r^2+Rr) \tag{2.13}$$

式中 V——挖基坑工程量,m^3;

H——挖土深度,m;

r——基坑底半径,m;

R——基坑上口半径,m。

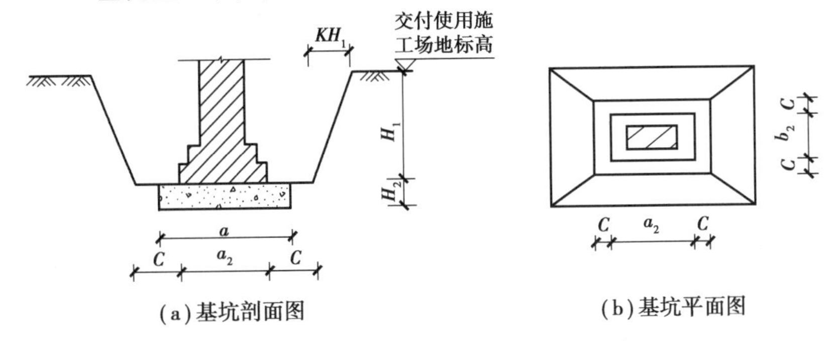

(a)基坑剖面图 (b)基坑平面图

图 2.6 从垫层上表面放坡的矩形基坑示意图

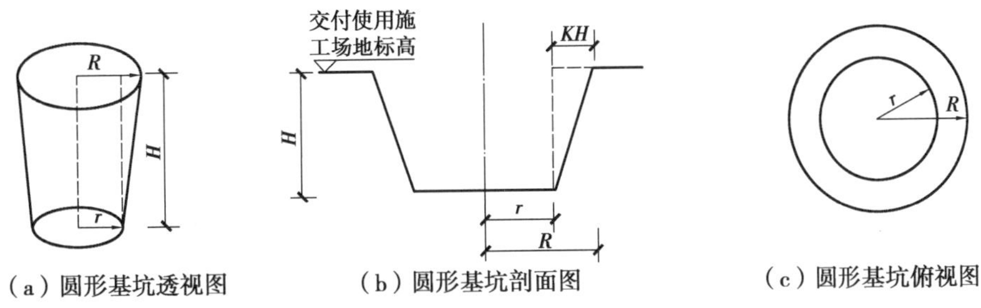

(a)圆形基坑透视图 (b)圆形基坑剖面图 (c)圆形基坑俯视图

图 2.7 从垫层下表面放坡的圆形基坑示意图

2.2 清单项目划分

根据《市政工程工程量计算规范广西壮族自治区实施细则》将土石方工程划分为土方工程、石方工程、回填方及土石方运输等 3 个项目。工程量清单项目设置及工程量计算规则,应按下表的规定执行(详见表 2.2—表 2.4)。

表 2.2 挖土方(编码:040101)

项目编码	项目名称	项目特征	计量单位	工程量计算规则	工程内容
040101001	挖一般土方	1. 土壤类别 2. 挖土深度 3. 部位	m^3	按设计图示尺寸以体积计算	1. 排地表水 2. 土方开挖 3. 基底钎探
040101002	挖沟槽土方			按设计图示尺寸以体积计算,因工作面(或支挡土板)和放坡增加工程量并入挖沟槽土方工程量计算,管道接口工作坑和各类井室增加工程量按全部沟槽土方总量的 2.5% 并入挖沟槽土方工程量计算	
040101003	挖基坑土方			按设计图示尺寸以体积计算,因工作面(或支挡土板)和放坡增加工程量并入挖基坑土方工程量计算	

续表

项目编码	项目名称	项目特征	计量单位	工程量计算规则	工程内容
040101004	暗挖土方	1. 土壤类别 2. 平洞、斜洞（坡度） 3. 运距	m^3	按设计图示断面乘以长度以体积计算	1. 排地表水 2. 土方开挖 3. 洞内水平、垂直运输
040101005	挖淤泥、流砂	1. 挖掘深度 2. 弃淤泥、流砂运距		按设计图示位置、界限以体积计算	1. 开挖 2. 运输

表 2.3　挖石方（编码：040102）

项目编码	项目名称	项目特征	计量单位	工程量计算规则	工程内容
040102001	挖一般石方	1. 岩石类别 2. 开挖深度	m^3	按设计图示尺寸以体积计算	1. 排地表水 2. 石方开挖 3. 修整底、边
040102002	挖沟槽石方				
040102003	挖基坑石方				

表 2.4　填方及土石方运输（编码：040103）

项目编码	项目名称	项目特征	计量单位	工程量计算规则	工程内容
040103001	回填方	1. 密实度要求 2. 填方材料品种 3. 填方来源 4. 借方运距 1 km 5. 部位	m^3	按图示回填体积并依据下列规定，以体积计算： 1. 路基及隧道明洞回填：按设计图示尺寸以体积计算 2. 沟槽回填：按挖沟槽方清单项目工程量减管径在 200 mm 以上的管道、基础、垫层和各种构造物所占的体积计算 3. 台（涵）回填：按设计及规范要求尺寸计算体积，减基础、构筑物等埋入体积	1. 开挖 2. 场内、外运输 3. 回填 4. 压实 5. 整修、整形
040103002	余方弃置	1. 废弃料品种 2. 运距 1 km		按挖方清单项目工程量减利用回填方体积（正数）计算	余方点装料运输至弃置点
桂 040103003	土石方运输每增 1 km	1. 土或石类别 2. 借方或弃方	m^3，km	借方回填或弃方工程量与超过（少于）规定运距里程的乘积	运输

2.3 定额说明

(1)挖土方

①土方分类见表2.5“土壤分类表”。

表2.5 土壤分类表

土壤分类	土壤分类	土壤分类
一、二类土	粉土、砂土(粉砂、细砂、中砂、粗砂、砾砂)、粉质黏土、弱中盐渍土、软土(淤泥质土、泥炭、泥炭质土)、软塑红黏土、冲填土	用锹,少许用镐、条锄开挖。机械能全部直接铲挖满载者
三类土	黏土、碎石土(圆砾、角砾)、混合土、可塑红黏土、硬塑红黏土、强盐渍土、素填土、压实填土	主要用镐、条锄,少许用锹开挖。机械需部分刨松方能铲挖满载者或可直接挖但不能满载者
四类土	碎石土(卵石、碎石、漂石、块石)、坚硬红黏土、超盐渍土、杂填土	全部用镐、条锄挖掘,少许用撬棍挖掘。机械需普遍刨松方能铲挖满载者

注:本表土的名称及其含义按现行国家标准《岩土工程勘察规范(2009年版)》(GB 50021—2001)定义。

②干、湿土的划分以地质勘察资料为准,含水率≥25%,且不超过液限的为湿土;或以地下常水位为准,常水位以上为干土,以下为湿土。含水率超过液限的为淤泥。除大型支撑基坑土方开挖外,挖湿土时,人工和机械乘系数1.18,干、湿土工程量分别计算。采用井点降水的土方应按干土计算。

③桩间挖土不扣除桩芯直径60 cm以内桩体所占体积。人工挖桩间土方,相应定额子目人工费乘以系数1.25;机械挖桩间土方,相应定额乘以系数1.1。

④挖掘机在垫板上作业,人工和机械乘系数1.25,搭拆垫板的人工、材料和垫板摊销费另行计算。

⑤支撑下挖土方。

a. 支撑下挖土方定额子目适用于地下连续墙、混凝土板桩、钢板桩等做围护的基坑、基槽(不适用于轨道交通工程,轨道交通工程土石方工程执行第八册相应定额),定额中已包含人工辅助开挖,土质类别综合考虑,实际施工时不得调整。定额中土方开挖不包括湿土排水工作内容,若采用井点降水或支撑安拆需打中心稳定桩等,其费用另行计算。

b. 支撑下挖土按实挖体积计算,先开挖后支撑不属于支撑下挖土。先开挖后支撑的支护执行支挡土板定额。

c. 支撑下挖土方定额是按合理的机械进行配备,在执行中不得因机械型号不同而调整。

⑥本章定额不包括现场障碍物清理,障碍物清理费用另行计算。

⑦机械挖基坑、沟槽,基底人工开挖及修整所增加的人工费用已在相应垫层定额考虑,不再另计。

⑧推土机推土的平均土层厚度小于30 cm时推土机台班乘以系数1.25。

⑨挖密实的钢碴或碎、砾石含量在50%以上的密实性土壤,按挖四类土,人工乘以系数2.50、机械乘以系数1.50;挖碎、砾石含量在30%以上的密实性土壤,按挖四类土,人工、机

械乘以系数 1.43。

⑩土方翻挖按一、二类土执行相应定额，淤泥翻挖执行相应淤泥项目。

⑪淤泥开挖后必须采用机械立即清运的，执行挖掘机挖三类土（装车）及机械运土方相应定额子目，并乘以系数 1.50。

（2）挖石方

①岩石分类见表 2.6“岩石分类表”，根据“代表性岩石”“开挖放式”及“饱和单轴抗压强度 fr”确定岩石类别。

表 2.6　岩石分类表

<table>
<tr><th colspan="2">岩石分类</th><th>代表性岩石</th><th>开挖方式</th><th>饱和单轴抗压强度/MPa</th></tr>
<tr><td colspan="2">极软岩</td><td>1. 全风化的各种岩石；
2. 强风化的软岩；
3. 各种半成岩</td><td>部分用手凿工具、部分用爆破法</td><td>$fr \leqslant 5$</td></tr>
<tr><td rowspan="3">软质岩</td><td>软岩</td><td>1. 强风化的坚硬岩或较硬岩；
2. 中等风化-强风化的较软岩；
3. 未风化-微风化的页岩、泥岩、泥质砂岩等</td><td>用风镐和爆破法开挖</td><td>$15 \geqslant fr > 5$</td></tr>
<tr><td>较软岩</td><td>1. 中等风化-强风化的坚硬岩或较硬岩；
2. 未风化-微风化的凝灰岩、千枚岩、泥灰岩、砂质泥岩等</td><td rowspan="3">用爆破法开挖</td><td>$30 \geqslant fr > 15$</td></tr>
<tr><td>较硬岩</td><td>1. 微风化的坚硬岩；
2. 未风化-微风化的大理岩、板岩、石灰岩、白云岩、钙质砂岩等</td><td>$60 \geqslant fr > 30$</td></tr>
<tr><td>硬质岩</td><td>坚硬岩</td><td>未风化-微风化的花岗岩、闪长岩、辉绿岩、玄武岩、安山岩、片麻岩、石英岩、石英砂岩、硅质砾岩、硅质石灰岩等</td><td>$fr > 60$</td></tr>
</table>

注：本表依据现行国家标准《工程岩体分级标准》（GB/T 50218—2014）和《岩土工程勘察规范（2009 年版）》（GB 50021—2001）整理。

②石方爆破按炮眼法松动爆破和无地下渗水积水考虑，防水和覆盖材料费用未包含在定额内。抛掷和定向爆破另行处理。

（3）填方及土石运输

①填土碾压填料是按压实后体积计算。

②人工夯实土堤执行本章人工填土夯实定额子目。

③定额中所有填土（包括松填、夯填、碾压）均按就近 5 m 取土考虑，超过 5 m 按以下办法计算：

a. 就地取余土或堆积土回填，除执行填方定额外，另按运土方定额计算土方运输费。

b. 外购土应按实计算土方费用。

④极软岩运输执行土方运输定额子目乘以系数 1.2。

⑤本章定额不包括弃土、石方的场地占用费，发生时可另行计算。

(4)土石方

土石方工程量系数,见表2.7。

表2.7　土石方工程量系数表

土壤类别	土石方工程量	系数
土方	工程量<5 000 m^3	挖、运定额乘以系数1.3(除人工挖土方)
	5 000 m^3≤工程量<20 000 m^3	挖、运定额乘以系数1.2
	10万 m^3≤工程量<50万 m^3	挖、运定额乘以系数0.9
	工程量≥50万 m^3	挖、运定额乘以系数0.8
石方	工程量<1 000 m^3	挖、运定额乘以系数1.2
	1万 m^3≤工程量<10万 m^3	挖、运定额乘以系数0.95
	工程量≥10万 m^3	挖、运定额乘以系数0.9

(5)支挡土板

①支挡土板定额适用于沟槽、基坑、工作坑及检查井等先开挖后支撑的支护。

②挡土板间距不同时,也不作调整。

③除槽钢挡土板外,本章定额均按横板、竖撑计算,如采用竖板、横撑时,人工费乘以系数1.2。

④定额中挡土板支撑按槽坑两侧同时支撑挡土板考虑,支撑面积为两侧挡土板面积之和,支撑宽度为4.1 m以内。槽坑宽度超过4.1 m时,其两侧均按一侧支挡土板考虑,按槽坑一侧支撑挡土板面积计算时,人工费乘以系数1.33,除挡土板外,其他材料乘以系数2.0。

⑤放坡开挖不得再计算挡土板,如遇上层放坡、下层支撑则按实际支撑面积计算。

⑥如采用井字支撑时,按疏撑乘以系数0.6。

⑦钢制挡土板如需打槽钢桩,则按第4章的陆上打拔工具桩相应定额执行。

2.4　工程量计算规则

(1)挖土方

①挖、运土方体积均以天然密实体积(自然方)计算,回填土按碾压后的体积(实方)计算。土方体积换算见表2.8。

表2.8　土方体积换算表

虚方体积	天然密实度体积	夯实后体积	松填体积
1.00	0.77	0.67	0.83
1.30	1.00	0.87	1.08
1.50	1.15	1.00	1.25
1.20	0.92	0.80	1.00

②土方工程量按图纸尺寸计算,修建机械上下坡的便道土方量并入土方工程量内。

③路基加宽填筑土方工程量不予增加,路基加宽土方的清除按刷坡定额执行。

④挖沟槽、基坑、平整场地和一般土方的划分:

a.底宽7 m以内,底长大于3倍以上为沟槽。

b.底长小于底宽3倍以内且坑底面积在150 m^2以内为基坑。

c.厚度在30 cm以内就地挖、填土为平整场地。平整场地适用于桥涵、水处理(泵站、池类等)工程等需要由施工单位完成平整场地的情况,一般道路和排水管道工程不得计算平整场地费用。

d.超过上述范围的土方按挖一般土方计算。

⑤管道接口作业坑和沿线各种井室所需增加开挖的土方工程量,区分不同管道类型、管径,按相应比例折算体积后并入挖沟槽土方体积内计算,折算比例见表2.9。

表2.9　管道接口作业坑和沿线各种井室增加开挖土方折算比例表

管道类型	管径	计算基础	折算比例/%
给水管道	<DN500	管道沟槽土方工程量	12
	≥DN500		5
排水、燃气管道	不分管径		2.50

⑥挖土方放坡和沟、槽底加宽应按施工组织设计规定计算。如无明确规定,可按表2.10—表2.12计算:

表2.10　放坡系数表

土壤类别	放坡起点/m	人工挖土	机械挖土		
			在沟槽、坑内作业	在沟槽侧、坑边上作业	顺沟槽方向坑上作业
一、二类土	1.20	1:0.50	1:0.33	1:0.75	1:0.50
三类土	1.50	1:0.33	1:0.25	1:0.67	1:0.33
四类土	2.00	1:0.25	1:0.10	1:0.33	1:0.25

注:①沟槽、基坑中土类别不同时,分别按其放坡起点、放坡系数,依不同土类别厚度加权平均计算。

②计算放坡时,在交接处的重复工程量不予扣除,槽、坑做基础垫层时,放坡自垫层底标高开始计算。

表2.11　管沟施工每侧所需工作面宽度计算表　　单位:mm

管道结构宽	混凝土管道基础90°	混凝土管道基础>90°	金属管道	塑料管道
300以内	300	300	200	200
500以内	400	400	300	300
1 000以内	500	500	400	400
2 500以内	600	500	400	500
2 500以上	700	600	500	600

注:管道结构宽,无管座按管道外径计算,有管座按管道基础外缘计算,构筑物按基础外缘计算,如设挡土板则每侧增加15 cm。

表 2.12　基础施工所需工作面宽度计算表

基础材料	每侧工作面宽/mm
砖	200
浆砌条石、块(片)石	150
混凝土垫层或基础支模板者	300
垂面做防水防潮层	1 000

注:挖土交接处产生的重复工程量不扣除。如在同一断面内遇有数类土壤,其放坡系数可按各类土占全部深度的百分比加权计算。

⑦清理土堤基础根据设计规定按堤坡斜面积计算。

⑧人工修整土堤台阶工程量,按挖前的堤坡斜面积计算,运土应另行计算。

(2)挖石方

①挖、运石方体积均以天然密实体积(自然方)计算,回填石方按夯实后的体积(实方)计算。石方体积换算见表 2.13。

表 2.13　石方体积换算表

天然密实度体积	夯实后体积
1	1.08

②石方工程的沟槽、基坑、一般石方的划分同土方工程。

③爆破岩石按图示尺寸以“m^3”计算,其沟槽、基坑深度和宽度允许超挖量:极软岩、软岩为 200 mm;较软岩、硬质岩为 150 mm。超挖部分岩石并入挖石方工程量内计算。

④控制爆破、静力爆破和岩石破碎机破碎岩石项目不能计算超挖量。

(3)填方及土石方运输

①回填土区分夯填、松填按图示回填土体积以“m^3”计算。

②管沟回填土应扣除管径在 200 mm 以上的管道、基础、垫层和各种构造物所占的体积。

③原土碾压按碾压面积以“m^2”计算,填土碾压按填料压实后体积以“m^3”计算。

④土石方运距应以挖土重心至填土重心或弃土重心最近距离计算,挖土重心、填土重心、弃土重心按施工组织设计确定。如遇下列情况应增加运距:人力及人力车运土、石方上坡坡度在 15% 以上,推土机、铲运机上坡坡度大于 5%,斜道运距按斜道长度乘以如下系数(表 2.14)。

表 2.14　坡度系数

项目		推土机、铲运机		人力及人力车	
坡度/%	5~10	15 以内	20 以内	25 以内	15 以上
系数	1.75	2	2.25	2.50	5

⑤采用人力垂直运输土、石方,垂直深度每米折合水平运距 7 m 计算,垂直运输与水平运输的运距一并计算。

(4)支挡土板

支撑工程按施工组织设计确定的支撑面积以“m^2”计算。

2.5 实训案例

[例 2.1] 根据现行市政定额，底宽 7 m 以内，底长大于底宽 3 倍以上按开挖(　　)土方。

A. 一般道路　　B. 沟槽　　C. 基坑　　D. 平整场地

解 选 B。工程量计算规则中，“底宽 7m 以内，底长大于 3 倍以上为沟槽；底长小于底宽 3 倍以内且坑底面积在 150 m^2 以内为基坑；厚度在 30 cm 以内就地挖、填土为平整场地。”

[例 2.2] 计算定额工程量时，管道接口作业坑和沿线各种井室所需增加开挖的土方工程量按沟槽全部土方量的(　　)计算。

A. 1.5%　　B. 2.0%　　C. 3.5%　　D. 2.5%

解 选 D。工程量计算规则中，“管道接口作业坑和沿线各种井室所需增加开挖的土方工程量按沟槽全部土方量的 2.5% 计算。”

[例 2.3] 管沟回填土应扣除管径在(　　)以上的管道、基础、垫层和各种构造物所占的体积。

A. 150 mm　　B. 200 mm　　C. 250 mm　　D. 300 mm

解 选 B。工程量计算规则中，“管沟回填土应扣除管径在 200 mm 以上的管道、基础、垫层和各种构造物所占的体积。”

[例 2.4] 某市政管网工程沟槽断面图如图 2.8 所示，采用机械开挖、坑边作业，三类土，沟槽下底总宽 2 000 mm，挖土深度为 1 600 mm，排水管长度为 400 m，该管段有 5 座检查井，放坡系数详见表 2.6，请计算该沟槽挖土方工程量。

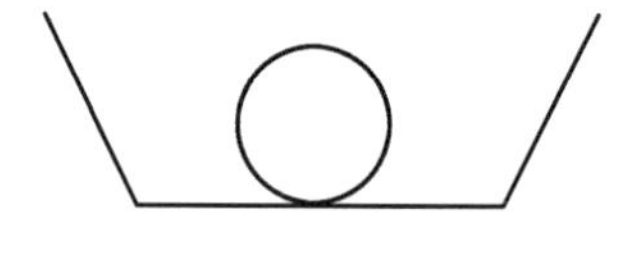

图 2.8 沟槽断面图

解 查表 2.6 放坡系数可知取 $K=0.67$，$K=b/H$，故 $b=K\times H=0.67\times1.6$

$S_{断}=(上底+下底)\times\frac{H}{2}$

上底 $=2+2b=2+2\times0.67\times1.6=4.14(m)$

上底梯形截面是 $S=(2+2+2\times0.67\times1.6)\times1.6/2=4.92(m^2)$

$V=S\times L=4.92\times400=1\,968(m^3)$

$V_{总}=V\times1.025=2\,017.2(m^3)$

[例 2.5] 图 2.9 所示为某混凝土基础底面为矩形，基础下垫层为无筋混凝土，垫层长度为 8.2 m，宽度为 7.0 m，厚度为 0.2 m，从垫层边缘开始放坡，挖土深度为 3.5 m，采用人工挖土，土壤类别为三类土，试计算挖基坑土方工程量。

解 人工挖三类土，查表 2.6 得放坡系数 $K=0.33$，计算挖基坑土方需用式(2.11)，则

$$V=(a+2C+KH)\times(b+2C+KH)\times H+\frac{1}{3}K^2H^3$$

$$=(8.2+2\times0.3+0.33\times3.5)\times(7+2\times0.3+0.33\times3.5)\times3.5+\frac{1}{3}\times0.33^2\times3.5^3$$

$$=306.60(m^3)$$

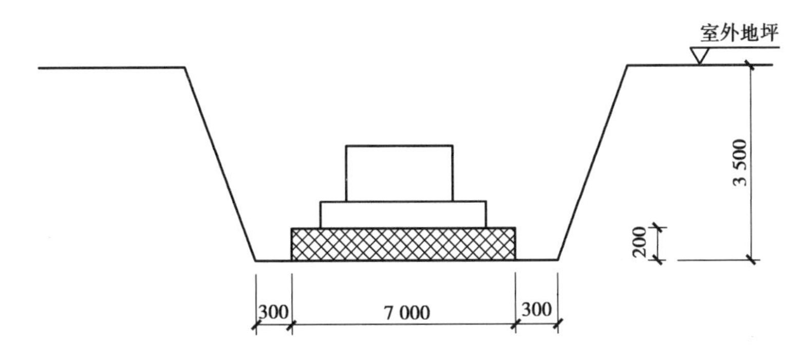

图 2.9　基坑断面图

[例 2.6]　已知某道路工程，其各桩号的挖方、填方断面面积见表 2.15，试计算该段道路挖方、填方的总土方工程量。

表 2.15　道路断面面积

桩号	断面面积/m²		桩号	断面面积/m²	
	挖方	填方		挖方	填方
0+000	0	3.3	0+150	4.0	4.3
0+050	3	3.5	0+200	4.6	4.8
0+100	3.5	4.0	0+250	5.5	6

解　采用横截面计算道路土方工程量，计算过程见表 2.16。

表 2.16　土方工程量计算表

桩号	距离/m	挖方			填方		
		断面面积/m²	平均断面面积/m²	体积/m³	断面面积/m²	平均断面面积/m²	体积/m³
K0+000		0			3.3		
	50		1.5	75.00		3.40	170.00
K0+050		3			3.5		
	50		3.25	162.50		3.75	187.50
K0+100		3.5			4.0		
	50		3.75	187.50		4.15	207.50
K0+150		4.0			4.3		
	50		4.30	215.00		4.55	227.50
K0+200		4.6			4.8		
	50		5.05	252.50		5.40	270.00
K0+250		5.5			6.0		
合计				892.50			1 062.50

［例 2.7］ 某建筑物场地的地形方格网如图 2.10 所示，方格网边长 20 m，试计算土方量。

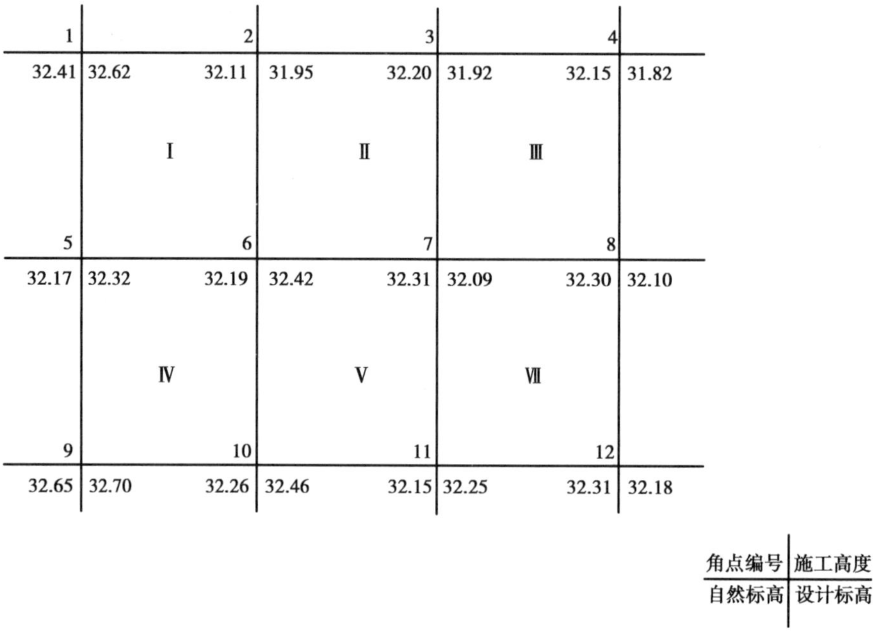

角点编号	自然标高	设计标高
1	32.41	32.62
2	32.11	31.95
3	32.20	31.92
4	32.15	31.82
5	32.17	32.32
6	32.19	32.42
7	32.31	32.09
8	32.30	32.10
9	32.65	32.70
10	32.26	32.46
11	32.15	32.25
12	32.31	32.18

方格：Ⅰ（1-2-5-6）、Ⅱ（2-3-6-7）、Ⅲ（3-4-7-8）、Ⅳ（5-6-9-10）、Ⅴ（6-7-10-11）、Ⅶ（7-8-11-12）

角点编号	施工高度
自然标高	设计标高

图 2.10 场地方格网坐标图

解 ①计算施工高度运用式(2.2)，计算结果标注在各角点的右上角，如图 2.11 所示。

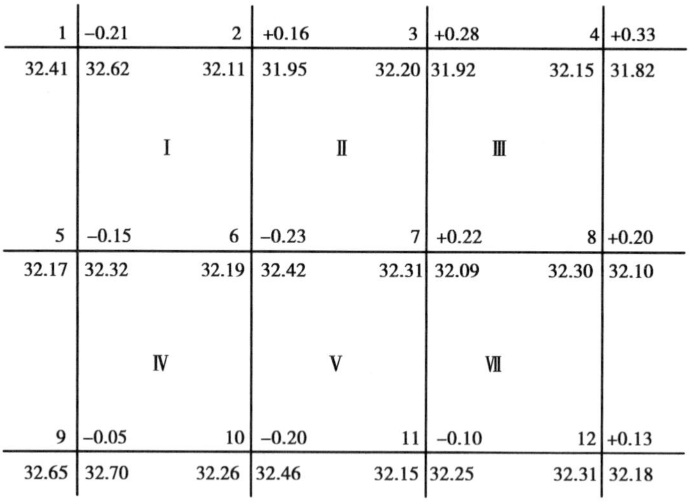

角点编号	施工高度	自然标高	设计标高
1	−0.21	32.41	32.62
2	+0.16	32.11	31.95
3	+0.28	32.20	31.92
4	+0.33	32.15	31.82
5	−0.15	32.17	32.32
6	−0.23	32.19	32.42
7	+0.22	32.31	32.09
8	+0.20	32.30	32.10
9	−0.05	32.65	32.70
10	−0.20	32.26	32.46
11	−0.10	32.15	32.25
12	+0.13	32.31	32.18

方格：Ⅰ、Ⅱ、Ⅲ、Ⅳ、Ⅴ、Ⅶ

图 2.11 施工高程图

②计算零点的位置，确定零线位置图，如图 2.12 所示。

方格Ⅰ：$h_1=-0.21$ m，$h_2=+0.16$ m，$a=20$ m 代入式(2.3)得：

$$x=\frac{0.16}{0.16+0.21}\times 20=8.65(\text{m})$$

方格Ⅱ：$h_6=-0.23$ m，$h_2=+0.16$ m，$a=20$ m 代入式(2.3)得：

$$x=\frac{0.16}{0.16+0.23}\times 20=8.21(\text{m})$$

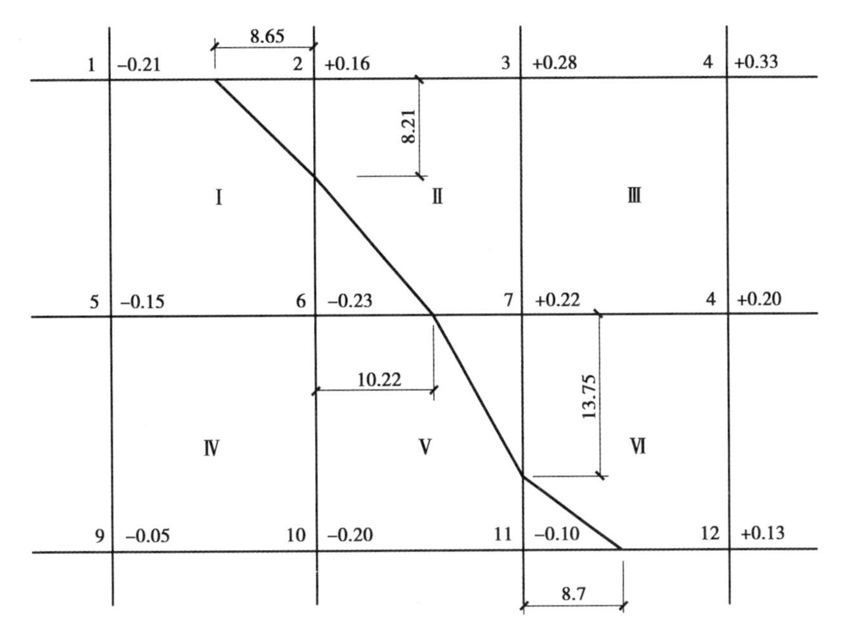

图 2.12　零点位置示意图

方格Ⅴ：$h_6=-0.23$ m，$h_7=+0.22$ m，$a=20$ m 代入式(2.3)得：

$$x=\frac{0.23}{0.23+0.22}\times 20=10.22(\text{m})$$

方格Ⅵ：$h_{11}=-0.10$ m，$h_7=+0.22$ m，$a=20$ m 代入式(2.3)得：

$$x=\frac{0.22}{0.10+0.22}\times 20=13.75(\text{m})$$

$h_{11}=-0.10$ m，$h_{12}=+0.13$ m，$a=20$ m 代入式(2.3)得：

$$x=\frac{0.10}{0.10+0.13}\times 20=8.70(\text{m})$$

③计算各方格网土方工程量。

方格Ⅰ为三角形挖方、梯形填方：

$$V_{挖}=\frac{8.65\times 8.21\times 0.16}{6}=1.89(\text{m}^3)$$

$$V_{填}=\left(20\times 20-\frac{8.65\times 8.21}{2}\right)\times\frac{0.21+0.15+0.23}{5}=43.01(\text{m}^3)$$

方格Ⅱ为三角形填方、梯形挖方：

$$V_{填}=\frac{10.22\times 11.79\times 0.23}{6}=4.62(\text{m}^3)$$

$$V_{挖}=\left(20\times 20-\frac{10.22\times 11.79}{2}\right)\times\frac{0.22+0.16+0.28}{5}=44.85(\text{m}^3)$$

方格Ⅴ为三角形挖方、梯形填方：

$$V_{挖}=\frac{9.78\times 13.75\times 0.22}{6}=4.93(\text{m}^3)$$

$$V_{填}=\left(20\times 20-\frac{9.78\times 13.75}{2}\right)\times\frac{0.10+0.20+0.23}{5}=35.27(\text{m}^3)$$

方格Ⅵ为三角形填方、梯形挖方：

$$V_{填} = \frac{6.88 \times 8.70 \times 0.10}{6} = 1.00(m^3)$$

$$V_{挖} = \left(20 \times 20 - \frac{6.88 \times 8.70}{2}\right) \times \frac{0.22 + 0.13 + 0.20}{5} = 40.71(m^3)$$

方格Ⅲ为正方形挖方：

$$V_{挖} = (20 \times 20) \times \frac{0.22 + 0.28 + 0.33 + 0.20}{4} = 103.00(m^3)$$

方格Ⅳ为正方形填方：

$$V_{填} = (20 \times 20) \times \frac{0.15 + 0.23 + 0.05 + 0.20}{4} = 63.00(m^3)$$

④土方汇总。

$$\sum 填方 = 43.01 + 4.62 + 35.27 + 1.00 + 63.00 = 146.90(m^3)$$

$$\sum 挖方 = 1.89 + 44.85 + 4.93 + 40.71 + 103.00 = 195.38(m^3)$$

[例2.8] 某道路工程中有500 m^3 的路基全部为一、二类土，不良土质，需换填硬土。施工方案为液压挖掘机(斗容量1.25 m^3)挖土，装车。自卸汽车(12 t)运土。弃土运距按1 km计算，借土运距按5 km计算，买土费用不包含运费，振动压路机(15 t以内)碾压。试编制此部分换填土方的相关工程量清单，计算定额工程量。

解 ①本案例为软土路基换填，在清单项目中没有直接换填的清单编码。考虑到换填的主要工作内容有挖除不良土，外运，借土回填，故列3个清单项目，确定定额子目并判断是否需要换算，见表2.17。

表2.17 综合单价分析表(适用于单价合同)

工程名称：道路工程

序号	项目编码	项目名称及项目特征描述	单位	工程量	综合单价/元	综合单价/元						
						人工费	材料费	机械费	管理费	利润	增值税	其中：暂估价
1	040101001001	挖一般土方 1. 土壤类别：一、二类土 2. 机械开挖 3. 含挖、装	m^3	500.00	2.73	0.40		1.68	0.29	0.13	0.23	
	C1-0012	挖掘机挖土方装车一、二类土	1 000 m^3	0.500 00	2 725.71	400.00		1 683.88	291.74	125.03	225.06	
2	040103001001	回填方 1. 压实度按施工图设计要求 2. 填方材料品种：硬土 3. 填方来源：外购土 4. 运距：1 km 5. 部位：路基	m^3	500.00	23.95	0.96	7.53	11.07	1.69	0.72	1.98	

续表

序号	项目编码	项目名称及项目特征描述	单位	工程量	综合单价/元	综合单价/元						
						人工费	材料费	机械费	管理费	利润	增值税	其中:暂估价
	C1-0013	挖掘机挖土方 装车 三类土	1 000 m^3	0.575 00	3 170.41	400.00		2 023.86	339.34	145.43	261.78	
	C1-0144 换	自卸汽车运土方(运距1 km内) 12 t[实际 1]	1 000 m^3	0.575 00	6 424.48			4 911.68	687.64	294.70	530.46	
	C1-0105	机械填土碾压	1 000 m^3	0.500 00	4 765.64	504.00	50.10	3 097.71	504.24	216.10	393.49	
	B-换	外购土方费	m^3	575.00	7.09		6.50				0.59	
3	040103002001	余方弃置 1. 废弃料品种:一、二类土 2. 运距:1 km	m^3	500.00	22.77		15.00	4.91	0.69	0.29	1.88	
	C1-0144 换	自卸汽车运土方(运距1 km内) 12 t[实际 1]	1 000 m^3	0.500 00	6 424.48			4 911.68	687.64	294.70	530.46	
	B-换	弃置费	m^3	500.00	16.35		15.00				1.35	
4	桂 040103003001	土石方运输每增1 km 1. 土或石类别:硬土 2. 借方运距4 km	m^3·km	2 000.00	2.34			1.79	0.25	0.11	0.19	
	C1-0147	自卸汽车运土方(每增加1 km运距) 12 t	1 000 m^3	2.300 00	2 037.81			1 557.96	218.11	93.48	168.26	

注:一般计税法的增值税为增值税销项税(各项费用的价格不包含增值税进项税额);
简易计税法的增值税为应纳增值税(各项费用的价格包含增值税进项税额)。

②计算定额工程量(表 2.18)。

表 2.18 定额工程量计算式

定额子目	定额名称	单位	定额工程量	计算式
C1-0012	挖掘机挖土方 装车 一、二类土	1 000 m^3	500.00	同清单工程量 500 m^3
C1-0013	挖掘机挖土方 装车 三类土	1 000 m^3	575.00	500×1.15=575 m^3
C1-0144 换	自卸汽车运土方(运距 1 km内) 12 t[实际 1]	1 000 m^3	575.00	500×1.15=575 m^3

续表

定额子目	定额名称	单位	定额工程量	计算式
C1-0105	机械填土碾压	1 000 m^3	500.00	同清单工程量 500 m^3
B-	外购土方费	m^3	575.00	500×1.15＝575 m^3
C1-0144 换	自卸汽车运土方(运距 1 km 内) 12 t[实际 1]	1 000 m^3	500.00	同清单工程量 500 m^3
B-	弃置费	m^3	500.00	同清单工程量 500 m^3
C1-0147	自卸汽车运土方(每增加 1 km 运距) 12 t	1 000 m^3	2 300.00	500×4×1.15＝2 300 m^3

［例 2.9］　综合案例。某迎宾大道工程中有 2 928 m^3 的路基全部为一、二类土，不良土质，路基超挖部分工程量为 5 050 m^3，不良地质和超挖部分均需弃土且换填硬土，一般路基挖方和填方工程量详见表 2.19。施工方案为液压挖掘机(斗容量 1.25 m^3)挖土，装车。自卸汽车(12 t)运土。弃土运距按 1 km 计算，借土运距按 15 km 计算，买土费用不包含运费。试编制该土方工程的相关工程量清单，计算定额工程量。

表 2.19　路基每公里土石方数量表

序号	起讫桩桩号	长度/m	挖方/m^3						
			总数量	土方			石方		
				Ⅱ	Ⅲ	Ⅳ	极软岩	较软岩	较硬岩
1	K0+035.973～K0+464.006	428.033	5 957		4 676			1 281	

填方数量/m^3	填方(自然方)								
	利用方/m^3				借方/m^3			合计	
	Ⅲ	极软岩	较软岩	较硬岩	Ⅲ	Ⅳ	极软岩	土	石
1 276			1 281			186		186	1 281

弃方/m^3					机械碾压/m^3		备注
Ⅱ	Ⅲ	极软岩	较软岩	较硬岩	土方	石方	
	4 676				1 276		压实系数:土方 1.15

解　根据工程所给条件进行清单列项和计算定额工程量，详见表 2.20。

表 2.20　综合单价分析表

（适用于单价合同）

工程名称:土方工程

序号	项目编码	项目名称及 项目特征描述	单位	工程量	综合单价 /元	综合单价/元						
						人工费	材料费	机械费	管理费	利润	增值税	其中: 暂估价
	0401	土石方工程										
1	040101001001	挖杂填土(不良地质) 土壤类别:素土、杂填土、膨胀土、普土、硬土、清表、挖树根及竹蔸 含挖、装	m^3	2 928.00	2.73	0.40		1.68	0.29	0.13	0.23	
	C1-0012	挖掘机挖土方　装车　一、二类土	1 000 m^3	2.928 00	2 725.71	400.00		1 683.88	291.74	125.03	225.06	
2	040101001002	挖一般土方 土壤类别:三类土 机械开挖 含挖、装	m^3	4 676.00	3.17	0.40		2.02	0.34	0.15	0.26	
	C1-0013	挖掘机挖土方　装车　三类土	1 000 m^3	4.676 00	3 170.41	400.00		2 023.86	339.34	145.43	261.78	
3	040101001003	挖路基土方(装车) 土壤类别:详地质资料 机械结合人工开挖 含挖、装	m^3	5 050.00	3.17	0.40		2.02	0.34	0.15	0.26	
	C1-0013	挖掘机挖土方　装车　三类土	1 000 m^3	5.050 00	3 170.41	400.00		2 023.86	339.34	145.43	261.78	

续表

序号	项目编码	项目名称及 项目特征描述	单位	工程量	综合单价/元	综合单价/元						
						人工费	材料费	机械费	管理费	利润	增值税	其中：暂估价
4	040102001001	挖一般石方 岩石类别:较软岩	m^3	1 281.00	62.05	5.69		41.75	6.64	2.85	5.12	
	C1-0082	液压岩石破碎机破碎平基较软岩	100 m^3	12.810 0	5 573.74	493.08		3 768.18	596.58	255.68	460.22	
	C1-0097	履带式液压挖掘机挖石碴装车	1 000 m^3	1.281 00	6 309.64	760.00		4 063.89	675.34	289.43	520.98	
5	040103001001	外购土方回填 压实度按施工图设计要求 填方材料品种:合格土源 含:回填,压实,采用加盖自卸汽车 运距:15 km	m^3	8 139.74	56.77	0.96	7.53	36.16	5.20	2.23	4.69	
	C1-0013	挖掘机挖土方 装车 三类土	1 000 m^3	9.360 70	3 170.41	400.00		2 023.86	339.34	145.43	261.78	
	C1-0144 换	自卸汽车运土方(运距1 km内) 12 t[实际15]	1 000 m^3	9.360 70	34 953.88			26 723.15	3 741.24	1 603.39	2 886.10	
	C1-0105	机械填土碾压	1 000 m^3	8.139 74	4 765.64	504.00	50.10	3 097.71	504.24	216.10	393.49	
	B-	外购土方费	m^3	9 360.7	7.09		6.50				0.59	

6	040103001002	可利用石方回填 压实度按施工图设计要求 含:回填,压实 填方来源、运距:场内可利用石方回填	m^3	1 281.00	21.09	0.50	6.05	10.58	1.55	0.67	1.74	
	C1-0150 换	自卸汽车运石方(运距 1 km 内) 12 t[实际 1]	1 000 m^3	1.281 00	9 792.24			7 486.42	1 048.10	449.19	808.53	
	C1-0105	机械填土碾压	1 000 m^3	1.281 00	4 765.64	504.00	50.10	3 097.71	504.24	216.10	393.49	
	B-	石方降解	m^3	1 281.00	6.54		6.00				0.54	
7	040103002001	余方弃置 废弃料品种:表土、耕土、素填土等不良地质土、挖一般土方和超挖部分 采用加盖自卸汽车 运距:1 km	m^3	12 654.00	19.50		12.00	4.91	0.69	0.29	1.61	
	C1-0144 换	自卸汽车运土方(运距 1 km 内) 12 t[实际 1]	1 000 m^3	12.654 00	6 424.48			4 911.68	687.64	294.70	530.46	
	B-	弃置费	元	12 654	13.08		12.00				1.08	

注:一般计税法的增值税为增值税销项税(各项费用的价格不包含增值税进项税额);
简易计税法的增值税为应纳增值税(各项费用的价格包含增值税进项税额)。

2.6 实训任务

1. 已知某道路土方量采用横截面法计算，见表 2.21，计算该道路的挖填方的土方工程量（填表计算）。

表 2.21 土方工程量

桩号	距离/m	挖方			填方		
		断面面积/m^2	平均断面面积/m^2	体积/m^3	断面面积/m^2	平均断面面积/m^2	体积/m^3
K0+000		3.0			3.3		
	50						
K0+050		4.8			4.5		
	50						
K0+100		5.2			6.1		
	50						
K0+150		6.6			6.5		
	50						
K0+200		7.6			7.3		
	50						
K0+250		8.4			8.5		
合计							

2. 某建筑物场地的地形方格网如图 2.13 所示，方格网边长 20 m，试计算土方量。

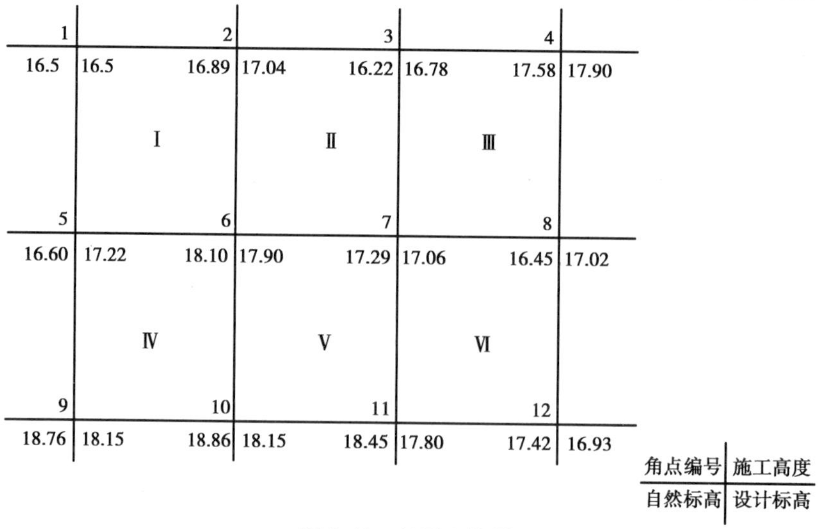

角点编号	自然标高	设计标高
1	16.5	16.5
2	16.89	17.04
3	16.22	16.78
4	17.58	17.90
5	16.60	17.22
6	18.10	17.90
7	17.29	17.06
8	16.45	17.02
9	18.76	18.15
10	18.86	18.15
11	18.45	17.80
12	17.42	16.93

方格：Ⅰ（1-2-6-5），Ⅱ（2-3-7-6），Ⅲ（3-4-8-7），Ⅳ（5-6-10-9），Ⅴ（6-7-11-10），Ⅵ（7-8-12-11）

图例：角点编号 | 施工高度；自然标高 | 设计标高

图 2.13 地形方格网

3.某市新建道路土方工程，修筑起点K0+000终点、K0+300，路基设计宽度为16 m，该路段内既有填方，又有挖方，详见表2.22。土质三类土，余方运至5 km处弃置点，填方要求密实度达95%，借方运距按6 km考虑。试编制此部分换填土方的相关工程量清单，计算定额工程量。

表2.22　道路工程土方计算表

桩号	距离/m	挖方		填方	
		断面面积/m^2	体积/m^3	断面面积/m^2	体积/m^3
K0+000		0		4.4	
	50		0		372.5
K0+050		0		10.5	
	50		0		470
K0+100		0		8.3	
	50		70		260
K0+150		2.6		2.1	
	50		270		52.5
K0+200		8.2		0	
	50		335		0
K0+250		5.2		0	
	50		525		0
K0+300		15.8			
合计			1 200		1 155

注:挖方中有500 m^3 为可利用土方。

3 道路工程实训

3.1 相关知识

道路是供各种无轨车辆、行人等通行的工程设施,按其所处的位置、交通性质及使用特点的不同,道路可分为公路、城市道路、厂矿道路和乡村道路等,详见表3.1。

表3.1 道路的分类

项目	内容
公路	联系全国各行政区之间的汽车道路交通道路
城市道路	城市内道路,是市区内交通运输的通道,具有城市规划骨架作用
厂矿道路	厂矿区道路
乡村道路	乡村内道路

城市道路是通达城市的各地区,供城市内交通运输及行人使用,便于居民生活、工作及文化娱乐活动,并与市外道路连接负担着对外交通的道路,起到连接城市各个功能分区和对外交通的纽带作用。本书所指的市政道路即城市道路。

3.1.1 道路工程概述

道路工程是指以道路为对象而进行的规划、设计、施工、养护与管理工作的全过程及其所从事的工程实体。同其他任何门类的土木工程一样,道路工程具有明显的技术、经济和管理方面的特性。

1)道路工程的组成

城市道路在空间上是一条带状的实体构筑物,是城市中车辆和行人往来的专门用地。是连接城市各个组成部分,并与公路相贯通的交通纽带,使城市构成一个相互协调的有机联系的整体。

城市道路是市政工程建设的重要组成部分，是城市建筑用地、生产用地以及其他备用地的分界控制线，是沿街建筑和划分街坊的基础；它不仅是组织城市交通运输的基础，而且也是布置城市公用管线、街道绿化，并为城市架空杆线提供容纳空间。因此，城市道路网是城市总体布局的骨架。

城市道路一般由机动车道、非机动车道、分隔带、人行道、侧平石、排水系统、交通设施及各种管线组成。特殊路段可能还有挡土墙、平面或立面交叉等。

2）道路工程的分类

（1）按路面力学性质分类

①柔性路面。荷载作用下产生的弯沉变形较大、抗弯拉强度小，它的破坏取决于极限垂直变形和弯拉应变。主要包括用各种基层（水泥混凝土除外）和各种沥青面层类、碎（砾）石面层及块料面层所组成的路面结构，以沥青路面为代表。

②刚性路面。荷载作用下产生板体作用，抗弯拉强度大，弯沉变形很小，它的破坏取决于极限弯拉强度。主要代表是水泥混凝土路面。

③半刚性路面。前期具有柔性路面的力学性质，后期的强度和刚度均有较大幅度的增长，但是最终的强度和刚度仍远小于刚性路面。一般面层为沥青类，基层为石灰或水泥稳定层及各种水硬性结合料的工业废渣基层。

（2）按交通功能分类

①快速路。为流畅处理城市大量交通而修建的道路。要有平顺的线型，与一般道路分开，使汽车交通安全、通畅和舒适。与交通量大的干路相交时应采用立体交叉，与交通量小的支路相交时可采用平面交叉，但要有控制交通的措施。两侧有非机动车时，必须设完整的分隔带。横过车行道时，需经由控制的交叉路口或地道、天桥。

②主干路。连接城市各主要部分的交通干路，是城市道路的骨架，主要功能是交通运输。主干路上的交通要保证一定的行车速度，故应根据交通量的大小设置相应宽度的车行道，以供车辆通畅地行驶。线形应顺捷，交叉口宜尽可能少，以减少相交道路上车辆进出的干扰，平面交叉要有控制交通的措施，交通量超过平面交叉口的通行能力时，可根据规划采用立体交叉。机动车道与非机动车道应用隔离带分开。交通量大的主干路上快速机动车如小客车等也应与速度较慢的卡车、公共汽车等分道行驶。主干路两侧应有适当宽度的人行道。应严格控制行人横穿主干路。主干路两侧不宜修建吸引大量人流、车流的公共建筑物如剧院、体育馆、大商场等。

③次干路。一个区域内的主要道路，是一般交通道路兼有服务功能，配合主干路共同组成干路网，起广泛联系城市各部分与集散交通的作用，一般情况下快慢车混合行驶。条件许可时也可另设非机动车道。道路两侧应设人行道，并可设置吸引人流的公共建筑物。

④支路。次干路与居住区的联络线，为地区交通服务，也起集散交通的作用，两侧可有人行道，也可有商业性建筑。

（3）按道路平面及横向布置分类

①单幅路。单幅路是指机动车道与非机动车道混合行驶，车行道上不设分隔带，机动车在中间，非机动车在两侧，按靠右侧规则行驶，也称一块板断面（图 3.1）。适用于机非混行，交通量均不太大的城市道路，对于用地紧张与拆迁较困难的旧城市道路采用得较多，适用于城市次干道和支路。

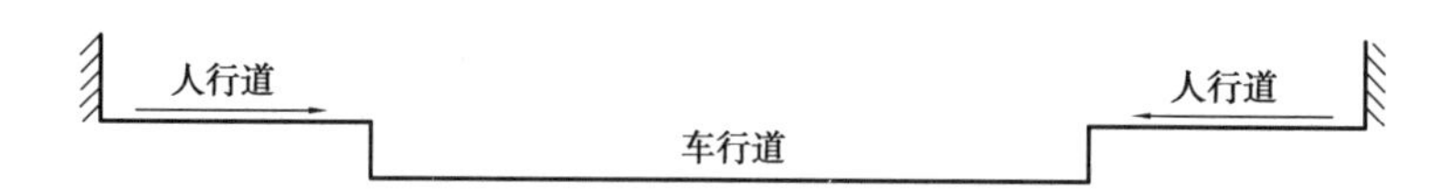

图 3.1　单幅路面横断示意图

②双幅路。双幅路是指在车行道中央设分隔带,将对向行驶的车流分隔开来,机动车可在辅路上行驶,也称两块板断面(图 3.2)。适用于有辅助路供非机动车行驶的大城市主干路或设计车速大于 5 km/h;横向高差较大或地形特殊的路段、城市近郊区,以及非机动车较少的区域都适宜采用双幅式路。

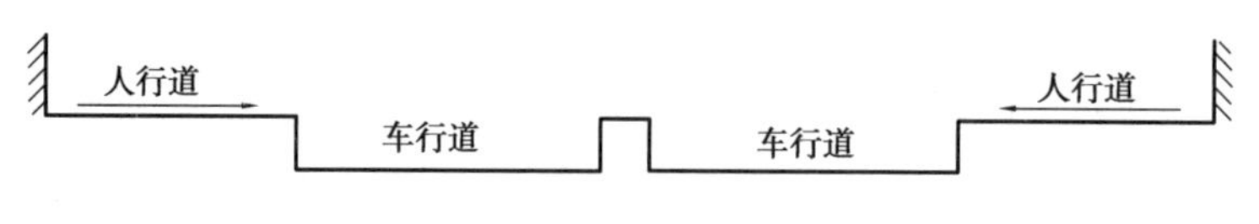

图 3.2　双幅路面横断示意图

③三幅路。使用分隔带把车行道分为 3 部分,中央部分通行机动车辆,两侧供非机动车行驶。机动车与非机动车分行,避免相互干扰,既保障了交通安全,也提高了机动车的行驶速度,也称三块板断面(图 3.3)。适用于路幅较宽,交通量较大,车速较高,非机动车多,混合行驶不能满足交通需要的主要干线道路。

图 3.3　三幅路面横断示意图

④四幅路。四幅路是在三幅路的基础上增加中央分隔带,利用 3 条分隔带,使上、下行的车行道与非机动车全部隔开,各车行道均为单向行驶,也称四块板断面,是最理想的道路横断面形式(图 3.4)。适用于快速路与郊区道路。

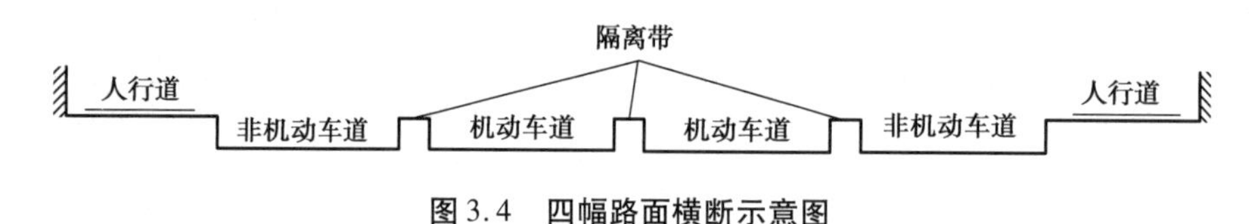

图 3.4　四幅路面横断示意图

(4)按路面材料分类

①水泥混凝土路面。包括素混凝土、钢筋混凝土、连续配筋混凝土与钢纤维混凝土,适用于各交通等级道路。

②沥青混凝土路面。包括沥青混合料、沥青贯入式和沥青表面处治。沥青混合料适用于各交通等级道路;沥青贯入式与沥青表面处治路面适用于中、低级交通道路。

③砌块路面。适用于支路、广场、停车场、人行道与步行街。

(5)按路面的使用品质分级

按路面的使用品质分级,分为高级路面、次高级路面、中级路面和低级路面等 4 种类型(表 3.2)。

表 3.2　按路面的使用品质分级表

类型	对应路面名称	适用道路类别	设计使用年限/年
高级路面	水泥混凝土路面 沥青混凝土路面 厂拌沥青黑色碎石路面 整齐条石路面	快速路 主干路	20～30 15～20 15～20 20～30
次高级路面	沥青贯入式路面 路拌沥青碎(砾)石路面 沥青表面处治 半整齐条石路面	主干路 次干路 支路	10～15
中级路面	泥结或水结碎石路面 级配碎(砾)石路面	—	5
低级路面	多种粒料改善土路面	—	2～5

3)道路路基

(1)路基的作用

路基是路面的基础,是用土石填筑或在原地面开挖而成的、按照路线位置和一定的技术要求修筑的、贯穿道路全线的道路主体结构。

(2)路基的基本形式

道路按填挖形式可分为路堤、路堑和半填半挖路基,如图 3.5 所示。高于天然地面的填方路基称为路堤;低于天然地面的挖方路基称为路堑;介于二者之间的称为半填半挖。

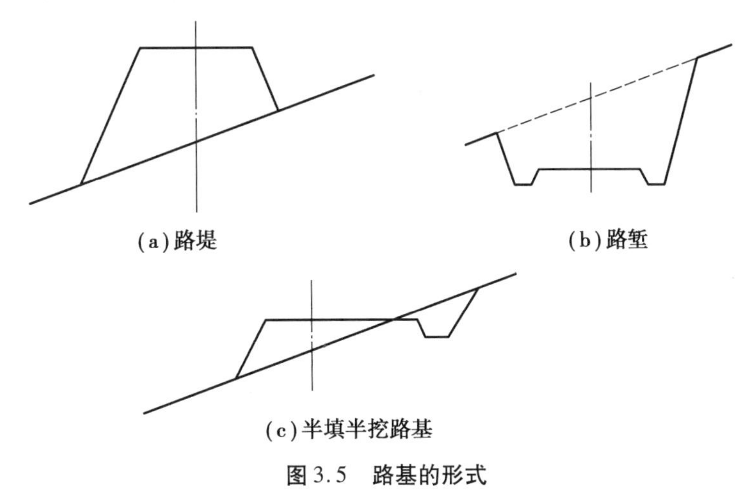

图 3.5　路基的形式

(3)路基应满足的要求

路基是道路的重要组成部分,没有稳固的路基就没有稳固的路面。路基应具有以下特点:

①具有合理的断面形式和尺寸。路基的断面形式和尺寸应与道路的功能要求,道路所

经过的地形、地物、地质等情况相适应。

②具有足够的强度。路基在荷载作用下应具有足够的抗变形破坏能力。路基在行车荷载、路面自重和计算断面以上的路基土自重的作用下,会发生一定的变形。路基强度是指在上述荷载作用下所发生的变形,不得超过允许的形变。

③具有足够的整体稳定性。路基是在原地面上填筑或挖筑而成的,它改变了原地面的天然平衡状态。在工程地质不良地区,修建路基可能加剧原地面的不平衡状态,有可能产生路基整体下滑、边坡坍塌、路基沉降等整体变形过大甚至破坏,使路基失去整体稳定性。因此,必须采取必要措施,保证其整体稳定性。

④具有足够的水温稳定性。路基在水温不利的情况下,其强度应不致降低过大而影响道路的正常使用。路基在水温变化时,其强度变化小,则称为水温稳定性好。

4)道路路面

(1)路面结构层次

道路结构包括路基和路面。路基是路面的基础。路面按其组成的结构层次从上至下可分为面层、基层、垫层,如图 3.6 所示。人们通常所说的"路面"是指道路表面与车轮接触的可见层,仅仅指路面的面层。

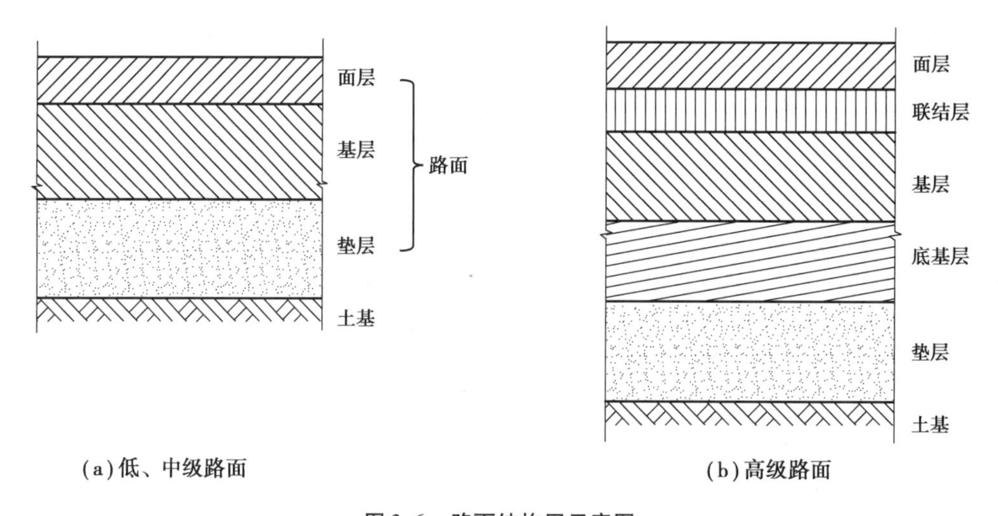

图 3.6 路面结构层示意图

①垫层。垫层是介于基层与土基之间的层次,并非所有的路面结构中都需要设置垫层,只有在土基处于不良状态,如潮湿地带、湿软土基、北方地区的冻胀土基等,才应该设置垫层,以排除路面、路基中滞留的自由水,确保路面结构处于干燥或中湿状态。

垫层主要起隔水(地下水、毛细水)、排水(渗入水)、隔温(防冻胀、翻浆)作用,并传递和扩散由基层传来的荷载应力,保证路基在容许应力范围内工作。修筑垫层的材料强度不一定很高,但隔温、隔水性要好,一般以就地取材为原则,选用粗砂、砂砾、碎石、煤渣、矿渣等松散颗粒材料,或采用水泥、石灰煤渣稳定的密实垫层。

②基层。基层位于面层之下,垫层或路基之上。基层主要承受面层传递的车轮垂直力的作用,并把它扩散到垫层和土基,基层还可能受到面层渗水以及地下水的侵蚀。故需选择强度较高,刚度较大,并有足够水稳性的材料。

用来修筑基层的材料主要有水泥、石灰、沥青等稳定土或稳定粒料(如碎石、砂砾),工业废渣稳定土或稳定粒料,各种碎石混合料或天然砂砾。

基层可分两层铺筑,其上层仍称基层或上基层,起主要承重作用,下层则称底基层,起次要承重作用。底基层材料的强度要求比基层略低些,可充分利用当地材料,以降低工程造价。

③面层。面层位于整个路面结构的最上层。它直接承受行车荷载的垂直力、水平力以及车身后所产生的真空吸力的反复作用,同时受到降雨和气温变化的不利影响,是最能直接反映路面使用性能的层次。因此,与其他层次相比,面层应具有较高的结构强度、刚度和稳定性,并且耐磨、不透水,其表面还应具有良好的抗滑性和平整度。道路等级越高、设计车速越大,对路面抗滑性、平整度的要求越高。

联结层也包括在面层之内。联结层是在非沥青结合料的基层与沥青面层之间设置的辅助结构层,其作用是防止沥青面层沿基层表面滑动,从而有效地发挥路面结构层的整体强度。一般在交通量大、荷载等级高的快速路和主干路上采用,联结层主要采用沥青碎石、沥青贯入式等。

a. 沥青贯入式面层:在初步压实的碎石(或破碎砾石)上,分层浇洒沥青、撒布嵌缝料,或再在上部铺筑热拌沥青混合料封层,经压实而成的沥青面层。

b. 沥青表面处治路面:用沥青和集料按层铺或拌合法施工,其厚度不大于 3 cm 的一种薄层面层。

c. 沥青面层:由沥青材料、矿料及其他外掺剂按要求比例混合、铺筑而成的单层或多层式结构层。三层铺筑的沥青面层由上而下成为上面层(也称表面层)、中面层、下面层。

d. 彩色沥青混凝土路面:脱色沥青与各种颜色石料或树脂类胶结料、色料和添加剂等材料拌和形成的具有一定强度和路用性能的新型沥青混凝土路面。

e. 透层:为使沥青面层与非沥青材料基层结合良好,在基层上浇洒乳化沥青、煤沥青或液体石油沥青而形成的透入基层表面的薄层。

f. 黏层:为加强在路面的沥青层之间、沥青层与水泥混凝土路面之间的黏结而撒布的沥青材料薄层。

g. 封层:为封闭表面空隙。防止水分浸入面层或基层而铺筑的沥青混合料薄层。铺筑在面层表面的称为上封层,铺筑在面层下面的称为下封层。

(2)路面结构应满足的要求

①具有足够的强度,路面的强度是指路面整体对变形,磨损、开裂和压碎等破坏的抵抗能力。路面的强度越高,耐久性越好。一般要求路面在规定的设计年限内及规定的车辆荷载和自然因素作用下,不致产生超过允许限度的变形及过多的磨损、开裂和压碎。

②具有足够的稳定性。路面强度不可避免地会因气候,水文条件的季节性变化而产生变化。为了保证路面能畅通行车,应使路面的强度在一年中随季节而变化的幅度尽可能小,这种路面保持强度相对稳定的能力,称为路面的稳定性。

③具有足够的平整度。路面不平整,车辆行驶会颠簸振动,加快车辆的磨损和路面的损坏。为了行车的安全和舒适,降低运输成本,路面应坚实平整。

④具有足够的抗滑性(粗糙度)。车辆在路面行驶时,路面与车轮之间应具备足够的摩阻力,以满足车辆前进或制动停车安全可靠的需要。这就需要使路面既坚实平整,又粗糙可靠,保持足够的摩擦系数。

⑤具有尽可能低的扬尘性且不透水。路面在行车过程中若尘土飞扬,既污染环境又容易损坏车辆、妨碍驾驶员视线,导致交通事故,因此路面应整洁少尘。当路面结构有较多水分渗入时,会因含水量的增大使路面结构层的强度降低,因此,路面面层应设法减小透水性。

⑥尽可能降低噪声。不同的路面对噪声的吸收能力有差异。沥青路面吸声能力强,噪声小,城市道路多采用沥青路面。

(3)水泥混凝土路面

水泥混凝土路面是将一定配合比的水泥和砂石材料(也可掺外加剂)经过搅拌、摊铺而成的刚性路面。常用于公路、城市道路、机场跑道和高速公路等。水泥混凝土路面是一种刚度较大、扩散荷载应力能力强、稳定性好和使用寿命长的路面结构。它与其他路面相比,具有以下优点:强度高、稳定性好、耐久性好、养护费用低、抗滑性能好和利于夜间行车等。缺点:水泥和水的需要量大、接缝较多、开放交通较迟和养护修复困难等。

混凝土面层由一定厚度的混凝土板所组成,它具有热胀冷缩的性质,随着一年四季温度、昼夜温度的变化而变化。这些变形会受到板与基础之间的摩阻力和黏结力,以及板的自重、车轮荷载等的约束,致使板内产生过大的应力,造成板的断裂或拱胀等破坏。为避免这些缺陷,混凝土路面不得不在纵横两个方向设置许多接缝,把路面分割成许多板块。水泥混凝土接缝可分为纵向接缝和横向接缝两大类。

①纵向接缝。包括纵向施工缝和纵向缩缝。当一次铺筑宽度小于路面宽度时,应设置纵向施工缝,一般采用设拉杆的平缝或企口形式,深度宜为 1/3 ~2/5 板厚,宽度宜为 3 ~8 mm,拉杆采用螺纹钢筋;当一次铺筑两个或者两个以上车道时,应增设纵向缩缝,采用设拉杆的假缝形式,深度宜为 1/3 ~2/5 板厚,宽度宜为 3 ~8 mm,拉杆采用螺纹钢筋。

②横向接缝。包括横向施工缝、横向缩缝和横向胀(伸)缝。横向施工缝是指每日施工结束或因雨天或其他原因不能继续施工时的筑接缝,施工缝应尽量设置在胀缝处,如无法实现也应设置在缩缝处,采用设传力杆的平缝形式。横向缩缝的作用是保证板因温度和湿度的降低而收缩,沿该薄弱断面缩裂,从而避免产生不规则裂缝。缩缝的间距一般为 4 ~6 m,昼夜气温变化较大的地区或地基水文情况不良路段应取低限值,反之取高限值。其深度宜为 1/5 ~1/4 板厚,宽度宜为 3 ~8 mm,采用假缝形式和设传力杆的假缝形式两种。横向胀(伸)缝的作用是保证板在温度升高时能部分伸长,从而避免路面板在热天的拱胀和折断破坏,同时其能起到缩缝的作用。在邻近桥梁或固定建筑物处,或与其他类型路面相连接处、板厚变化处、隧道口、小半径曲线和纵坡变化处应设置胀缝。

(4)沥青路面

沥青路面是指采用沥青材料作为结合料,黏结石料或混合料修筑成面层的路面结构。其具有平整、耐磨、不透水、不扬尘、耐久等优点,但其缺点是容易磨损和破坏,温度稳定性差,施工受天气和季节影响。沥青路面主要类型有表面处治、贯入式、沥青碎石、沥青混凝土等 4 种类型。

①沥青表面处治面层。是用沥青包裹矿料,铺筑厚度不大于 3 cm的一种薄层处治面层。主要作用是保护下层路面结构,可作城市道路支路面层或在旧有沥青路面上加铺罩面或磨耗层。一般多采用层铺法。

②沥青贯入式面层。是在初步压实的碎石上浇洒沥青后,再分层撒铺嵌缝剂和浇洒沥青,并通过分层压实而成的路面面层。可分深贯入(6 ~8 cm)和浅贯入(4 ~5 cm)两种。

③沥青碎石面层。由一定级配或尺寸均一的碎石(有少量矿粉或不加矿粉),用沥青作为结合料,均匀拌和而成的沥青混合料,经摊铺压实成型的一种路面面层。主要优点是高温稳定性好,对材料要求不严格,沥青用量少,造价低。缺点空隙大,易透水,降低了石料与沥青之间的黏结力,作面层时需在表面加封层,一般适用于面层下层。

④沥青混凝土面层。按照级配原理选配的矿料与一定数量的沥青,在一定的温度下拌和成混合料,经摊铺、碾压而成的路面面层结构。采用相当数量的矿粉是其一个显著的特点。优点是强度高,整体性好,抵抗自然破坏能力强,高级路面,适用于高速公路、城市道路和机场跑道等。

5)附属构筑物

城市道路附属构筑物,一般包括侧平石、人行道、路面排水设施等。

(1)侧平石

侧平石分为侧石和平石两种。

侧石是设在道路两侧,用来区分车行道、人行道、绿化带、分隔带的界石,侧石顶面一般高出路面 15 cm,作用是保障行人、车辆的交通安全。平石是设在侧石和路面之间,平石顶面与路面平齐。侧平石一般采用混凝土预制块或石料。

路缘石安装应顺直,安装应按有关文件要求设置宽 150 mm,高 200 mm 的三角混凝土靠背,混凝土强度达到设计强度 70% 后方可进行下道工序施工,避免变形松动,如图 3.7 所示。

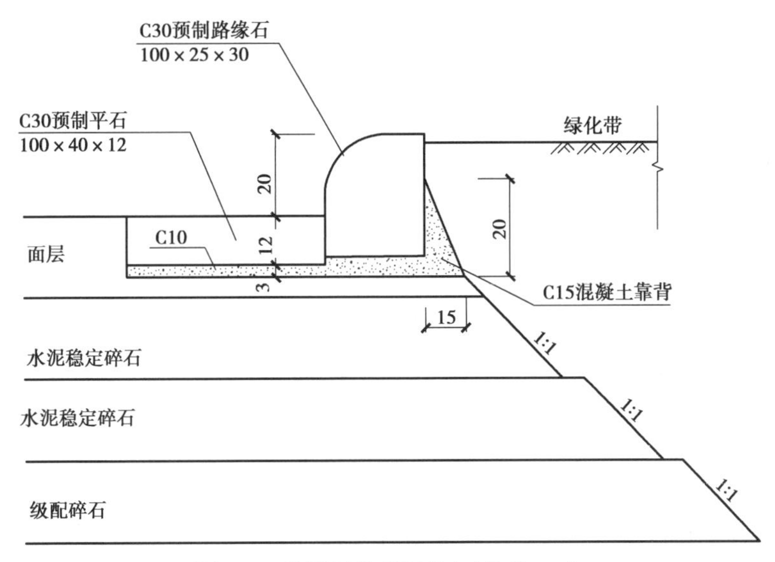

图 3.7 路缘石靠背混凝土(单位:cm)

(2)人行道

人行道按照材料不同可分为沥青面层人行道、水泥混凝土人行道和预制块人行道(包括石料)等。

(3)路面排水

路面排水指各种拦截、汇集、拦蓄、输送、排放危及路基、路面强度和稳定性的地表水或地下水的各类设备、设施和构造物组成的排水系统。主要由路基地表水排水系统、路面表面水排水系统、中央分隔带排水系统、路面内部水排水系统及地下水排水系统组成。

①截水沟。截水沟是指设置在挖方路基边坡坡顶以外或山坡路堤上方适当地点,用以拦截并排除路基上方流向路基的地面径流,减轻边沟的水流负担,保护挖方边坡和填方坡脚不受流水冲刷的水沟。截水沟的横断面形式一般为梯形,边坡视土质而定。

②排水沟。排水沟是指将截水沟、边沟和路基附近低洼处汇集的水引排至路基范围以外指定地点的水沟。排水沟的横断面形式一般为梯形。

③盲沟。盲沟是指在路基或地基内设置的充填碎、砾石等粗颗粒材料并铺以反滤层(有的其中埋设透水管)的地下排水设施。在水力特性上属于紊流。其构造比较简单,横断面成矩形,亦可做成上宽下窄的梯形。沟底应设1% ~2%的纵坡。

④边沟。边沟是指设置在挖方路基的路基外侧或低路堤的坡脚外侧,用以汇集并排除路基范围内和流向路基的少量表面水的纵向水沟。常用横断面形式有梯形、矩形、三角形及流线形4种类型。

3.1.2 道路工程识图

1)道路平面图

道路在平面上的投影称为道路工程平面图,主要表达道路的平面位置,道路红线之间的平面布置以及沿道路两侧一定范围内的地形、地物与道路的相互关系。

(1)图示主要内容

①工程范围。

②原有地物情况(包括地上、地下构筑物)。

③起讫点及里程桩号。

④设计道路的中线、边线,弯道及组成部分。

⑤设计道路各组成部分的尺寸。

⑥边沟或雨水井的布置和水流方向,雨水口的位置。

⑦其他(如附近水准点标志的位置、指北针、文字说明、接线图等)。

(2)道路工程平面图在编制施工图预算中的主要作用

道路平面图提供了道路直线段长度、交叉口转弯角及半径、路幅宽度等数据,可用于计算道路各结构层的面积,并按各结构层的做法套用相应的预算定额。

2)道路纵断面图

沿道路中心线方向剖切的截面为道路纵断面图,它反映了道路表面的起伏状况。道路工程纵断面图主要用距离和高度表示,纵向表示高程,横向表示距离(图3.8)。

(1)图示主要内容

①原地面线,是根据中线上各桩点的高程而点绘的一条不规则的折线,反映了原中线地面的起伏变化情况。

②拟建道路路面中心标高的设计线(即设计纵坡线),它是经过技术上、经济上及美学上诸多方面比较后定出的一条有规定形状的几何线,反映了道路路线的起伏变化情况。

③纵向坡度与距离。

④各桩号的设计标高、地面标高及施工高度。

⑤曲线半径、曲线长、切线长及其起讫点的桩号及标高。

⑥沿线桥梁、涵洞、过路管、倒虹吸管等人工构筑物的编号、位置、孔径及结构形式。

⑦街沟设计纵坡度、长度。

⑧沿线各临时水准点位置以及注明引自标准水准点的地点、编号及高程。

⑨其他有关说明事项。

通过比较原地面标高和设计标高,反映了路基的挖填方情况。当设计标高高于原地面标高时,路基为填方;当设计标高低于原地面标高时,路基为挖方。

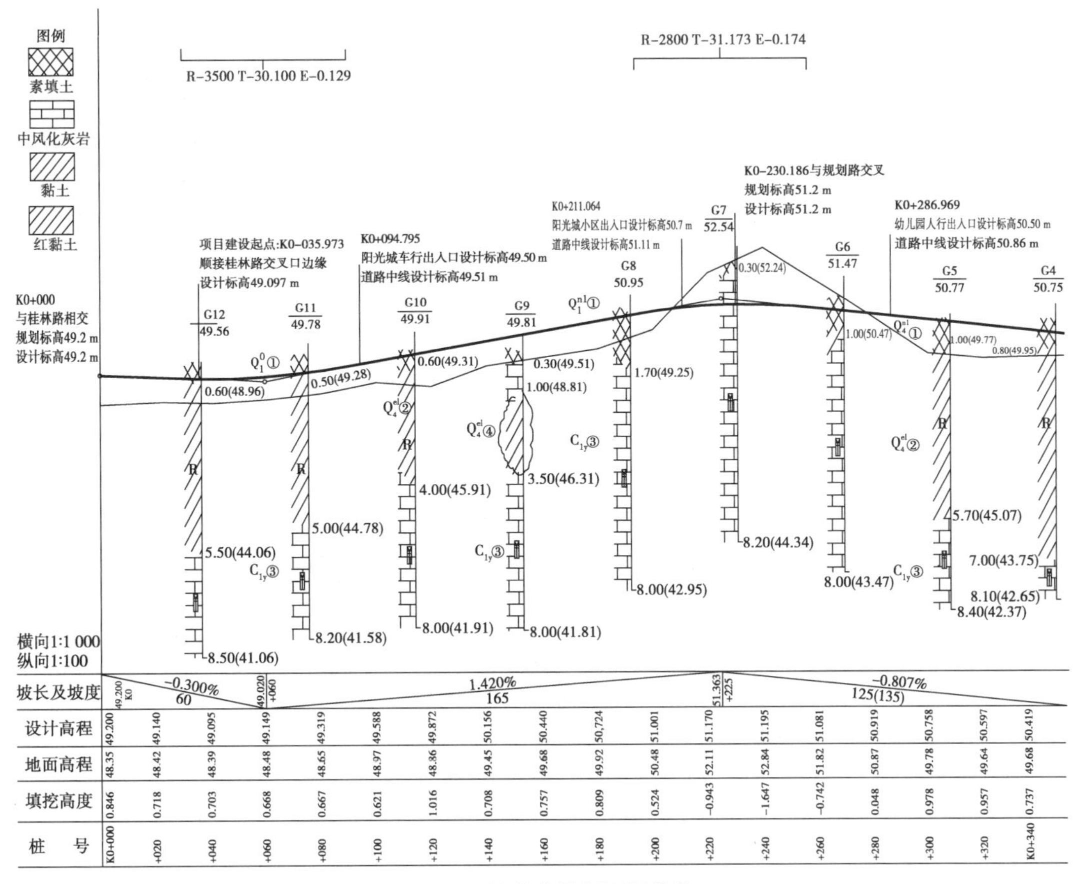

设计高程	49.200	49.140	49.095	49.149	49.319	49.588	49.872	50.156	50.440	50,724	51.001	51.170	51.195	51.081	50.919	50.758	50.597	50.419
地面高程	48.35	48.42	48.39	48.48	48.65	48.97	48.36	49.45	49.68	49.92	50.48	52.11	52.84	51.82	50.87	49.78	49.64	49.68
填挖高度	0.846	0.718	0.703	0.668	0.667	0.621	1.016	0.708	0.757	0.809	0.524	-0.943	-1.647	-0.742	0.048	0.978	0.957	0.737
桩号	K0+000	+020	+040	+060	+080	+100	+120	+140	+160	+180	+200	+220	+240	+260	+280	+300	+320	K0+340

图 3.8　某道路纵断面图节选

(2)道路工程纵断面在编制工程量清单中的主要作用

主要为道路土石方工程、路基处理的分部分项工程量清单编制提供依据。

3)道路横断面图

城市道路的横断面形式主要取决于道路的类别、等级、性质、红线宽度和有关交通资料。道路横断面宽是机动车道、非机动车道、人行道、分隔带和绿化带等所需宽度的总和。

垂直道路中心线方向剖切面的截面为道路横断面图。道路工程横断面图可分为标准设计横断面图和横断面地面线所围成的图形。

①图示主要内容:道路的横断面布置、形状、宽度和结构层等。

②道路工程横断面在编制工程量清单中的主要作用:主要为路基土石方计算与路面各

结构层计算提供了断面资料。

③道路横断面中典型图纸。

a. 标准横断面图(图 3.9)。从图 3.9 中可以看出,道路路幅宽度 24 m,标准横断面组成如下:4 m(人行道)+8 m(机非机动车道)+8m(机非机动车道)+ 4 m(人行道)= 24 m,单幅路。

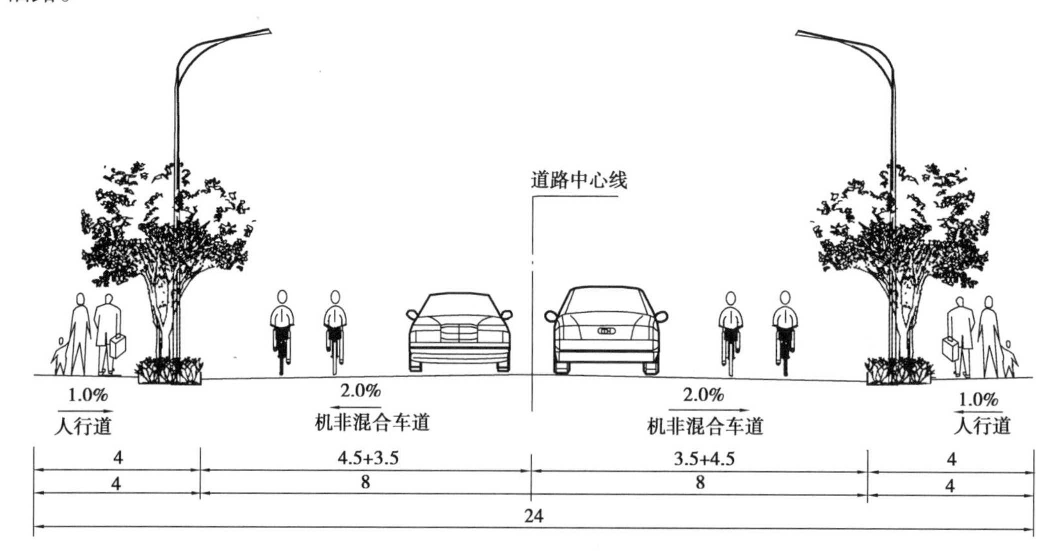

图 3.9　某道路标准横断面图(单位:m)

b. 土方横断面图。土方横断面图中,H_s 表示路面设计标高,H_w 表示挖土深度,A_t 表示填方面积,A_w 表示挖方面积。注意,H_s 路面设计标高与路基设计标高不能混淆,二者相差路面结构层的厚度,即路面设计标高-路基设计标高=路面结构层厚度(图 3.10)。

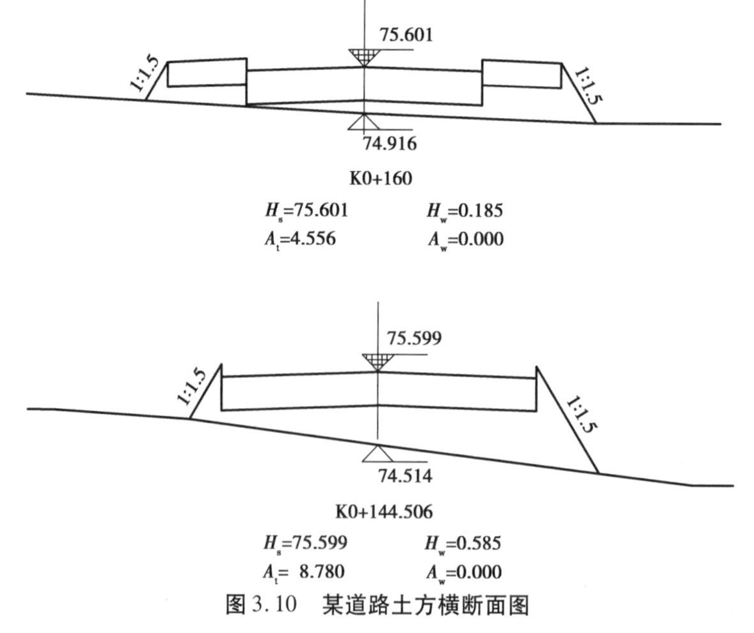

图 3.10　某道路土方横断面图

土方横断面图常用来计算道路土方工程量,常采用的计算方法为平均横截面法,前面 2.2.1 已陈述,先求得各相邻桩号间的挖方或填方土方工程量,再将各桩号间的挖方或填方量累积求和,即可得出整条道路路基的挖方或填方土方工程量。

c.路面结构图。路面结构图反映道路结构层、人行道、侧平石的类型、尺寸,面层有无配筋及各种缝的构造形式,主要为道路基层、道路面层,人行道及其他的分部分项工程量清单编制提供依据。对于造价人员来说非常重要,工程量清单的编制往往是从路面结构图着手列项。

道路路面结构按其组成的结构层次从上至下可分为面层、基层和垫层,如图 3.11 所示。

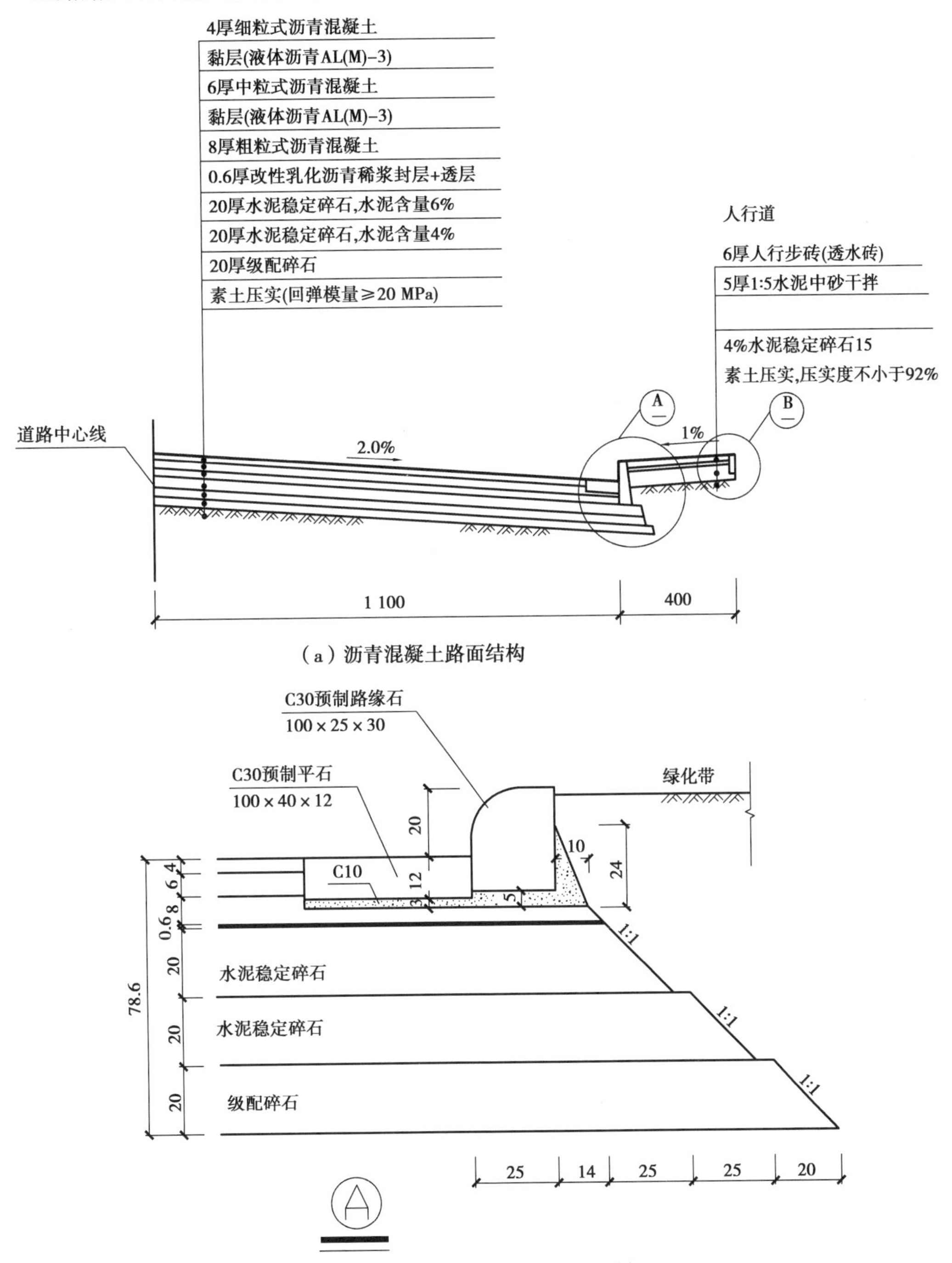

(a)沥青混凝土路面结构

(b)沥青混凝土路面结构-A 大样

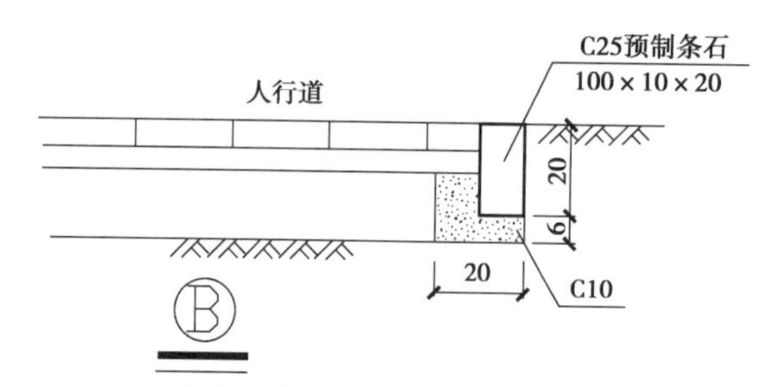

(c)沥青混凝土路面结构-B 大样

图 3.11 沥青混凝土路面结构(单位:cm)

3.1.3 道路工程施工技术

1)路基施工技术要点

(1)路基施工测量和放样

开工前按图纸及有关规定进行线路及高程的复测,水准点及控制桩的核对和增设,并对路线横断面进行测量与绘制,其测量结果应记录并形成资料报监理工程师审查签字。在测量放线前一定要对所使用的仪器进行检测,看仪器是否损坏,精度是否达到要求,一切检验合格后才可进行实际的施工测量。

(2)填土路基施工

当原地面标高低于设计路基标高时,需要填筑土方(即填方路基)。

①排除原地面积水,清除树根、杂草、淤泥等。应妥善处理坟坑、井穴、树根坑的坑槽,分层填实至原地面高。

②填方段内应事先找平,当地面坡度陡于1∶5时,需修成台阶形式,每层台阶高度不宜大于300 mm,宽度不应小于1.0 m。

③根据测量中心线桩和下坡脚桩,分层填土、压实。

④碾压前检查铺筑土层的宽度与厚度,合格后即可碾压,碾压“先轻后重”,最后碾压应采用不小于12 t级的压路机。

⑤填方高度内的管涵顶面填土500 mm以上才能用压路机碾压。

⑥路基填方高度应按设计标高增加预沉量值。填土至最后一层时,应按设计断面、高程控制填土厚度并及时碾压修整。

(3)挖土路基施工

当路基设计标高低于原地面标高时,需要挖土成型——挖方路基。

①路基施工前,应将现况地面上积水排除、疏干,将树根坑、粪坑等部位进行技术处理。

②根据测量中线和边桩开挖。

③挖土时应自上向下分层开挖,严禁掏洞开挖。机械开挖时,必须避开构筑物、管线,在距管道边1 m范围内应采用人工开挖;在距离直埋缆线2 m范围内必须采用人工开挖。挖方段不允许超挖,应留有碾压到设计标高的压实量。

④压路机不小于12 t级,碾压应从道路两边向路中心进行,直至表面无明显轮迹为止。

⑤碾压时,应根据土的干湿程度而采取洒水或换土、晾晒等措施。

⑥过街雨水支管沟槽及检查井周围应用石灰土或石灰粉煤灰砂砾填实。

(4)石方路基施工

①修筑填石路堤应进行地表清理,先修砌边部,然后逐层水平填筑石料,确保边坡稳定。

②先修筑试验段,以确定松铺厚度、压实机具组合、压实遍数及沉降差等施工参数。

③填石路堤宜选用12 t以上的振动压路机、25 t以上轮胎压路机或2.5 t的夯锤压(夯)实。

④路基范围内管线、构筑物四周的沟槽宜回填土料。

2)路面施工技术要点

(1)路面基层施工技术

①石灰稳定土基层与水泥稳定土基层。

a.拌和:采用厂拌方式和强制式拌和机拌制,符合级配要求。

b.摊铺:在春末和气温较高季节施工,施工最低气温为5 ℃;厂拌石灰土类混合料摊铺时路床应湿润;降雨时应停止施工,已摊铺的尽快碾压密实。

c.压实:碾压时的含水量宜在最佳含水量的±2%的范围内,直线和不设超高的平曲线段,应由两侧向中心碾压;设超高的平曲线段,应由内侧向外侧碾压。

d.养护:压实成活后立即洒水(或覆盖)养护,保持湿润,直至上部结构施工为止;稳定土养护期应封闭交通。

②石灰工业废渣(石灰粉煤灰)稳定砂砾(碎石)基层(也可称二灰混合料)。

a.拌和:采用厂拌(异地集中拌和)方式和强制式拌和机拌制,符合级配要求;拌和时应先将石灰、粉煤灰拌和均匀,再加入砂砾(碎石)和水均匀拌和;混合料含水量宜略大于最佳含水量。

b)摊铺:在春末和夏季施工,施工期的日最低气温为5 ℃;并应在第一次重冰冻(-5~-3 ℃)到来之前1~1.5个月完成。

c.压实:混合料每层最大压实厚度为200 mm,且不宜小于100 mm;碾压时,先轻型、后重型压路机碾压;禁止用“薄层贴补”的方法进行找平。

d.养护:混合料的养护采用湿养,始终保持表面潮湿;也可采用沥青乳液和沥青下封层进行养护;养护期为7~14 d。

③级配碎石(碎砾石)、级配砾石(砂砾)基层。

a.拌和:采用厂拌方式和强制式拌和机拌制,符合级配要求。

b.摊铺:发生粗、细骨料离析(“梅花”“砂窝”)现象时,应及时翻拌均匀。

c.压实:控制碾压速度,碾压至轮迹不大于5 mm,表面平整、坚实。

d.养护:采用沥青乳液和沥青下封层进行养护;养护期为7~14 d;面层未铺前不得开放交通。

(2)道路面层施工技术要点

①水泥混凝土路面施工。

a.施工放样:施工前根据设计要求利用水稳层施工时设置的临时桩点进行测量放样确定板块位置,做好板块划分,并进行定位控制。

b.边模的安装:摊铺混凝土前,应先安装两侧模板。

c. 传力杆设置:两侧模板安装好后,即在需要设置传力杆的胀缝或缩缝位置上设置传力杆。

d. 混凝土搅拌、运输:混凝土应提前按照设计要求进行试验配合比设计,搅拌时严格按实验室提供的配合比准确下料。混凝土采用混凝土运输车运送。

e. 混凝土摊铺、振捣:当运送混合料的车辆运达摊铺地点后,一般直接倒向安装好侧模的路槽内,并用人工找补均匀。

混凝土应按一定厚度、顺序、方向浇筑,浇筑时,除少量塑性混凝土采用人工捣实外,宜采用振动器振实。通常采用平板振捣器、插入式振捣器和振动梁配套作业。

②接缝处理。

a. 胀缝:先浇筑胀缝一侧混凝土,拆除胀缝模板后,再浇筑另一侧混凝土,钢筋支架浇在混凝土内。混凝土终凝前,将压缝板条取出,留在缝隙下部的填缝板采用沥青浸制的软木板等材料制成。

b. 横向缩缝:缩缝通常采用混凝土切割机切割或锯缝机锯割。

c. 纵缝:纵缝筑做企口式纵缝时,模板内部做成凸榫状;需设置拉杆时,模板在相应位置处要钻成圆孔,以便拉杆穿入。

③表面整修与防滑措施:终凝前必须用人工或机械抹平其表面。为保证行车安全,抹平混凝土表面后可采用棕刷、金属丝梳子等将表面拉毛;或在已硬结的路面上,用锯槽机锯割小横槽。

④拆模:拆模时小心谨慎,勿用大锤敲打以免碰伤边角,拆模时间为混凝土终凝后 36 ~ 48 h,以避免过早拆模,损坏混凝土边角。

⑤养护与填缝:待道路混凝土终凝后进行养护,养护期间不堆放重物,行人及车辆不在混凝土路面上通行。

填缝宜混凝土初步结硬后及时进行,填缝前将缝内灰尘、杂物等清洗干净,待缝内完全干燥后再浇灌填缝料。

3)沥青混凝土路面施工

(1)沥青表面处治路面施工程序

沥青表面处治的施工方法有层铺法、拌合法和混合法 3 种。一般多采用层铺法。层铺法施工三层沥青表面处治面层的程序如下:

①安装路缘石和清扫基层。一般安装路缘石施工应在沥青表面处治面层施工前完成,并在面层施工前将基层清扫干净。碎石基层的表面浮土必须清扫干净,以大部分石料露出为佳。

②浇洒透层沥青。透层是为使沥青面层与非沥青材料基层结合良好,在基层上浇洒乳化沥青、煤沥青或液体沥青而形成的透入基层表面的薄层。沥青路面的级配砂砾、级配碎石基层及水泥、石灰、粉煤灰等无机结合料稳定土或粒料的半刚性基层上必须浇洒透层沥青。

③浇洒第一次沥青。在浇洒透层沥青 4 ~ 8 h 后,即可浇洒第一次沥青。

④撒铺第一次石料。撒布第一次沥青后(不必等全段洒完),应立即铺撒第一次矿料(当使用乳化沥青时,集料撒布必须在乳液破乳之前完成)。其数量按规定一次撒足。局部缺料或过多处,用人工适当找补,或将多余矿料扫出。两幅搭接处,第一幅撒布沥青后应暂留 10 ~ 15 cm 宽度不撒矿料,待第二幅撒布沥青后铺撒矿料。无论机械或人工铺撒矿料,撒料后应及时扫匀,普遍覆盖一层,厚度一致,不应露沥青。

⑤碾压。铺撒一段矿料后(不必等全段铺完),应立即用6~8 t钢筒双轮压路机或轮胎压路机碾压。碾压时应从路边逐渐移至路中心,然后再从另一边开始压向路中心。

⑥第二与第三层施工。第二层、第三层的方法和要求与第一层相同,只是每一层的沥青用量和石料规格不同而已。

⑦初期养护。除乳化沥青表面处治应待破乳后水分蒸发并基本成形后方可通车外,其他处至碾压结束后即可开放交通。通车初期应设专人指挥交通或设置障碍物控制行车,使路面全部宽度获得均匀压实。

(2)沥青贯入式面层的施工

沥青贯入式面层是初步压实的碎石浇洒沥青后,再分层撒铺嵌缝料和浇洒沥青,并通过分层压实而成的路面面层。其施工程序如下:

①安装路缘石和清扫基层。

②浇洒透层或黏层沥青。在旧沥青路面及水泥混凝土路面上须浇洒黏层沥青。

③撒铺主层石料。撒铺石料时应避免大小颗粒集中,铺好的石料严禁车辆通行,以免影响平整度。

④碾压。当主层石料摊铺到一定的长度(100 m左右)经整平后即可开始碾压。先用6~8 t压路机初碾,先从路的一边压,再逐渐向路中心,然后再从路的另一边开始逐渐向路中心。

⑤浇洒第一次沥青。主层石料碾压完毕后,即可浇洒沥青,其施工方法同沥青表面处治。

⑥撒铺第一次嵌缝料。

主层沥青浇洒后,应立即趁热撒铺第一次嵌缝料。撒铺应均匀,不得有重叠或露白,撒铺后应立即扫匀,不做找补,以普遍覆盖一层为准。

⑦碾压。嵌缝料扫匀后,立即用10~12 t压路机进行碾压,随压随扫,使嵌缝料均匀嵌入。

⑧后续施工程序。浇洒第二次沥青→撒铺第二次嵌缝料→碾压→浇洒第三次沥青→撒铺封面料→最后碾压。施工方法同上。

初期养护同沥青表面处治面层。

(3)沥青混凝土面层的施工

施工程序为:安装路缘石→清扫基层、放样→浇洒透层或黏层沥青→摊铺→碾压→开放交通。施工要点如下:

①摊铺。一般要求:沥青混凝土混合料宜采用机械摊铺,施工时应尽量采用全路幅摊铺,以避免纵向接缝。

摊铺时要控制混合料的温度。石油沥青混合料摊铺温度不低于100~120 ℃。混合料的松铺系数为1.15~1.30(机械)。

机械摊铺的施工要求:采用自行式摊铺机摊铺混合料时,应尽可能连续铺筑,以保证平整度和接缝良好。应尽可能采用全宽型摊铺机或多台摊铺机联合作业,以消除纵向接缝。

②碾压:

初压:用6~8t压路机,紧接摊铺进行碾压找平。如出现推移,可待温度稍低后再压。

复压:初压后可用10~12 t压路机进行碾压,碾压至稳定和无明显轮迹为止。

终压:用6~8 t压路机碾压,消除碾压中产生的轮迹至无明显轮迹为止。

沥青混凝土,正常施工时碾压温度为110～140 ℃,且不低于110 ℃,碾压终了的温度不低于70 ℃。沥青混凝土路面在完全冷却后,即可开放交通。

(4)沥青碎石面层的施工

其施工方法可参见沥青混凝土路面的施工,主要不同之处有:

①人工摊铺时的松铺系数为1.2～1.45;机械摊铺时的松铺系数为1.15～1.25。

②沥青混合料的出厂,摊铺温度可酌情稍有降低。

③碾压时,石油沥青混合料的碾压温度不宜低于70 ℃。

4)道路附属设施施工技术

一般包括侧石、平石、人行道、涵洞、护坡、路面排水设施和挡土墙等。其中预制块人行道(包括石料)的施工程序是:基层摊铺碾压→测量放样→预制块铺砌→扫填接缝→养护。

工艺要点:在碾压平整的基层上,放样挂线,检查高程;砌块要轻放,找平层可用天然砂石屑或干硬性砂浆,用橡皮锤或木槌敲实;铺好后检查平整度,对位移、不稳、翘角等,应立即修正,最后用干砂拌水泥均匀填缝并在砖面上洒水。洒水养护3 d,保持缝隙湿润。

质量要求:铺砌前应仔细检查砌块的质量,养护期间严禁上人上车。

3.2 清单项目划分

根据《市政工程工程量计算规范广西壮族自治区实施细则》将道路工程主要划分为道路基层、道路面层、人行道及其他和交通管理设施等项目。

1)道路基层

道路基层工程量清单项目设置、项目特征描述的内容、计量单位及工程量计算规则,应按表3.3的规定执行。

表3.3　道路基层(编码:040202)

项目编码	项目名称	项目特征	计量单位	工程量计算规则	工程内容
040202001	路床(槽)整形	1.部位 2.范围	m^2	按设计道路底基层图示尺寸以面积计算,不扣除1.5 m^2以内各类井所占面积	1.测量放样 2.整修路拱 3.碾压成型
040202002	石灰稳定土	1.含灰量 2.厚度		按设计图示尺寸以面积计算,不扣除1.5 m^2以内各类井所占面积	1.拌和 2.运输 3.铺筑 4.找平 5.碾压 6.养护
040202003	水泥稳定土	1.水泥含量 2.厚度			
040202004	石灰、粉煤灰、土	1.配合比 2.厚度			
040202005	石灰、碎石、土	1.配合比 2.碎石规格 3.厚度			

续表

项目编码	项目名称	项目特征	计量单位	工程量计算规则	工程内容
040202006	石灰、粉煤灰、碎(砾)石	1. 配合比 2. 碎(砾)石规格 3. 厚度	m^2	按设计图示尺寸以面积计算,不扣除 1.5 m^2 以内各类井所占面积	1. 拌和 2. 运输 3. 铺筑 4. 找平 5. 碾压 6. 养护
040202007	粉煤灰	厚度			
040202008	矿渣				
040202009	砂砾石	1. 石料规格 2. 厚度			
0402020010	卵石				
0402020011	碎石				
0402020012	块石				
0402020013	山皮石				
0402020014	粉煤灰三渣	1. 配合比 2. 厚度			
0402020015	水泥稳定碎(砾)石	1. 水泥含量 2. 石料规格 3. 厚度			
0402020016	沥青稳定碎石	1. 沥青品种 2. 石料规格 3. 厚度			

2)道路面层

道路面层工程量清单项目设置、项目特征描述的内容、计量单位及工程量计算规则,应按表 3.4 的规定执行。

表 3.4　道路面层(编码:040203)

项目编码	项目名称	项目特征	计量单位	工程量计算规则	工程内容
040203001	沥青表面处治	1. 沥青品种 2. 层数	m^2	按设计图示尺寸以面积计算,不扣除 1.5 m^2 以内各种井所占面积,带平石的面层应扣除平石所占面积	1. 喷油、布料 2. 碾压
040203002	沥青贯入式	1. 沥青品种 2. 石料规格 3. 厚度			1. 摊铺碎石 2. 喷油,布料 3. 碾压
040203003	透层、黏层	1. 材料品种 2. 喷油量			1. 清理下承面 2. 喷油、布料

续表

项目编码	项目名称	项目特征	计量单位	工程量计算规则	工程内容
040203004	封层	1. 材料品种 2. 喷油量 3. 厚度	m^2	按设计图示尺寸以面积计算,不扣除 1.5 m^2 以内各种井所占面积,带平石的面层应扣除平石所占面积	1. 清理下承面 2. 喷油、布料 3. 压实
040203005	黑色碎石	1. 材料品种 2. 石料规格 3. 厚度			1. 清理下承面 2. 拌和、运输 3. 摊铺、整型 4. 压实
040203006	沥青混凝土	1. 沥青品种 2. 沥青混凝土种类 3. 石料粒径 4. 掺和料 5. 厚度			1. 模板制作、安装、拆除 2. 混凝土拌和、运输、浇筑 3. 拉毛 4. 压痕或刻防滑槽 5. 伸缝 6. 缩缝 7. 锯缝、嵌缝 8. 路面养护
040203007	水泥混凝土	1. 混凝土强度等级 2. 掺和料 3. 厚度 4. 嵌缝材料			
040203008	块料面层	1. 块料品种、规格 2. 垫层:材料品种、厚度、强度等级			1. 铺筑垫层 2. 铺砌块料 3. 嵌缝、勾缝
040203009	弹性面层	1. 材料品种 2. 厚度			1. 配料 2. 铺贴

3)人行道及其他

人行道及其他工程量清单项目设置、项目特征描述的内容、计量单位及工程量计算规则,应按表 3.5 的规定执行。

表 3.5 人行道及其他(编码:040204)

项目编码	项目名称	项目特征	计量单位	工程量计算规则	工程内容
040204001	人行道整形碾压	1. 部位 2. 范围	%	按设计图示尺寸以面积计算,不扣除侧石、树池和各类井所占面积	1. 放样 2. 碾压

续表

项目编码	项目名称	项目特征	计量单位	工程量计算规则	工程内容
040204002	人行道块料铺设	1. 块料品种、规格 2. 基础、垫层：材料品种、厚度 3. 图形	%	按设计图示尺寸以面积计算，不扣除 1.5 m^2 以内各类井所占面积，但应扣除侧石、树池所占面积	1. 基础、垫层铺筑 2. 块料铺设 3. 嵌缝、勾缝
040204003	现浇混凝土人行道及进口坡	1. 混凝土强度等级 2. 厚度 3. 基础、垫层：材料品种、厚度			1. 模板制作、安装、拆除 2. 基础、垫层铺筑 3. 混凝土拌和、运输、浇筑 4. 养护
040204004	安砌侧（平、缘）石	1. 材料品种、规格 2. 基础、垫层：材料品种、厚度、混凝土强度等级	m	按设计图示中心线长度计算	1. 开槽 2. 基础、垫层铺筑 3. 侧（平、缘）石安砌
040204005	现浇侧（平、缘）石	1. 材料品种 2. 尺寸 3. 形状 4. 混凝土强度等级 5. 基础、垫层：材料品种、厚度、强度等级			1. 模板制作、安装，拆除 2. 开槽 3. 基础、垫层铺筑 4. 混凝土拌和、运输、浇筑 5. 养护
040204006	检查井升降	1. 材料品种 2. 检查井规格 3. 平均升（降）高度	座	按设计图示路面标高与原有的检查井发生正负高差的检查井的数量计算	1. 提升 2. 降低
040204007	树池砌筑	1. 材料品种、规格 2. 树池尺寸 3. 树池盖面材料品种 4. 基础、垫层：材料品种、厚度、强度等级	个	按设计图示数量计算	1. 基础、垫层铺筑 2. 树池砌筑 3. 盖面材料运输、安装
040204008	预制电缆沟铺设	1. 材料品种 2. 规格尺寸 3. 基础、垫层：材料品种、厚度 4. 盖板品种、规格	m	按设计图示中心线长度计算	1. 基础、垫层铺筑 2. 预制电缆沟安装 3. 盖板安装

4)交通管理设施

交通管理设施工程量清单项目设置、项目特征描述的内容、计量单位及工程量计算规则,应按表3.6的规定执行。

表3.6 交通管理设施(编码:040205)

项目编码	项目名称	项目特征	计量单位	工程量计算规则	工程内容
040205001	人(手)孔井	1. 材料品种 2. 规格尺寸 3. 盖板材质、规格 4. 基础、垫层:材料、品种、厚度	座	按设计图示数量计算	1. 基础、垫层铺筑 2. 井身砌筑 3. 勾缝(抹面) 4. 井盖安装
040205002	电缆保护管	1. 材料品 2. 规格	m	按设计图示以长度计算	敷设
040205003	标杆	1. 类型 2. 材质 3. 规格尺寸 4. 基础、垫层:材料、品种、厚度 5. 油漆品种	根	按设计图示数量计算	1. 基础,垫层铺筑 2. 制作 3. 喷漆或镀锌 4. 底盘、拉盘、卡盘及杆件安装
040205004	标志板	1. 类型 2. 材质,规格尺寸 3. 板面反光膜等级	块		制作、安装
040205005	视线诱导器	1. 类型 2. 材料品种	只		安装
040205006	标线	1. 材料品种 2. 工艺 3. 线型	m^2	按设计图示尺寸以面积计算	1. 清扫 2. 放样 3. 画线 4. 护线
040205007	标记	1. 材料品种 2. 类型 3. 规格尺寸			
040205012	隔离护栏	1. 类型 2. 规格,型号 3. 材料品种 4. 基础、垫层:材料品种、厚度、强度等级	m	按设计图示以长度计算	1. 基础,垫层铺筑 2. 制作、安装

续表

<table>
<tr><th>项目编码</th><th>项目名称</th><th>项目特征</th><th>计量单位</th><th>工程量计算规则</th><th>工程内容</th></tr>
<tr><td>040205014</td><td>信号灯</td><td>1. 类型
2. 灯架材质、规格
3. 基础、垫层:材料品种、厚度、强度等级
4. 信号灯规格、型号、组数</td><td>套</td><td>按设计图示数量计算</td><td>1. 基础、垫层铺筑
2. 灯架制作、镀锌、喷漆
3. 底盘、拉盘,卡盘及杆件安装
4. 信号灯安装、调试</td></tr>
<tr><td>040205017</td><td>防撞筒(墩)</td><td>1. 材料品种
2. 规格、型号
3. 填充材料品种</td><td>个</td><td rowspan="3">按设计图示数量计算</td><td rowspan="2">制作、安装</td></tr>
<tr><td>040205018</td><td>警示柱</td><td>1. 类型
2. 材料品种
3. 规格、型号</td><td>根</td></tr>
<tr><td>040205024</td><td>交通智能系统调试</td><td>系统类别</td><td>系统</td><td>系统调试</td></tr>
</table>

3.3 定额说明

1)道路基层

①本章定额凡使用石灰的子目,均已包含消解石灰的工作内容。

②路床碾压宽度按底基层(垫层)最底部宽度设计;道路基层宽度按设计基层顶面与底面的平均宽度计。

③土边沟成型,综合考虑了边沟挖土的土壤类别和边沟两侧边坡平整所需的挖土、培土、修整边坡及余土抛出沟外的全过程所需人工。边坡所出余土按弃运路基 50 m 以外考虑。

④道路基层同一结构类型若分两层结构层设计,应分两层基层执行。

⑤道路基层压实厚度在 20 cm 以上应按两层结构层铺筑执行。

⑥道路基层混合料除水泥稳定土基层及水泥稳定碎(砾)石基层分为现场机械拌制和厂拌外其他均为现场机械拌制,厂拌时可分别执行相应的拌制、运输、摊铺定额子目。

⑦道路基层设计配合比与定额不同时,有关的材料消耗量可以调整,但人工费、机械费不变。

⑧沥青稳定碎石混合料制作、运输执行道路面层相应定额子目。

2）道路面层

①喷洒沥青油料中，透层、黏层分别列有石油沥青、乳化沥青两种油料，其中透层适用于无结合料粒料基层和半刚性基层；黏层适用于新建沥青层、旧沥青路面和水泥混凝土。当设计与定额取定的喷油量不同时，材料用量可以调整，人工费、机械费不变。

②粗粒式沥青混凝土、中粒式沥青混凝土、细粒式沥青混凝土摊铺定额分人工摊铺及机械摊铺两种方式；实际摊铺方式不同时，需另行计算。

③细粒式改性沥青混凝土摊铺执行细粒式沥青混凝土摊铺相应子目。

④水泥混凝土路面定额中，按抗弯拉强度 4.5 MPa 计算，如混凝土的强度等级与设计要求不同时，可进行换算。

⑤路面钢筋分构造筋、钢筋网和有套筒传力杆设置，若使用无套筒传力杆时，扣除定额中半硬质塑料管 $\phi32$ 消耗量，其余不变。

3）人行道及其他

①本章定额所采用的人行道块料铺设、安砌侧（平、缘）石垫层与设计不同时，材料用量可按设计要求换算，人工费、机械费不变。

②人行道块料铺设定额采用方形或矩形块料编制，如设计采用异形块料时，人工费乘以系数 1.1。

③人行道石质块料面层适用于厚度 15 cm 以内花岗岩、大理石、方整石、青石板、文化石等石材的铺装。

④人行道预制混凝土块料适用于透水砖、植草砖、水泥阶砖等预制块料的铺装。

⑤混凝土及石质路缘石安砌已包含混凝土靠背（宽 150 mm，高 200 mm 的三角形）施工，如与设计不同时，混凝土用量可以调整，其余不变。

⑥砾（碎）石盲沟定额包含挖沟工作内容，透水管、PVC 管盲沟仅包含管道铺设，盲沟需铺设土工布时，执行第一册通用项目第三章地基处理工程相应定额子目。

4）交通管理设施

①零星构件制作适用于普通型标志板角钢框架等需要加工制作的零星构件制作。

②标牌、标杆、门架安装。

a. 标志杆及门架安装不包括基础土方、基础浇筑、地脚螺栓预埋，应执行相应定额子目。

b. 标杆形状分为单柱式杆、悬臂式杆，其中单悬臂式杆即为 L 型杆，双悬臂式杆为 F 型杆，三悬臂式杆为三 F 杆，双向单悬臂杆为单 T 杆，双向双悬臂杆为双 F 杆，双向三悬臂杆为三 T 杆。

③标线。

a. 交通热熔型漆标线定额按标线厚度 1.8 mm 设置，当设计标线厚度不同时可以调整，调整办法为：设计标线厚度在 2.5 mm 以内，按设计标线厚度与定额厚度的比例增减定额中的热熔标线涂料和液化石油气的消耗量，其余不变；当标线设计厚度超过 2.5 mm 时，除按标线设计厚度与定额厚度的比例增加定额中的热熔标线涂料和液化石油气的消耗量外，定额人工费及机械费乘以系数 2.0。

b. 标线分一般标线和其他标线两类。一般标线包括纵向、横向标线、安全岛；其他标线包括菱形标志、三角形标志、箭头标线和图案、文字等单个标记。

④隔离设施。

a. 隔离护栏制作按焊接编制，包括刷一遍防锈漆工料。除注明外，均包括现场内（工厂内）的材料运输、号料、加工、组装及成品堆放等全部工序。

b. 波形钢板护栏分单面、双面两类。单面指一根立柱单侧安装波形钢板梁，而双面指一根立柱两侧安装波形钢板梁。

c. 防撞墩安装子目适用于混凝土防撞墩的成品预制构件砌装。

d. 隔离栅立柱包括钢管、型钢和钢筋混凝土三种，型钢立柱指除钢管外各类钢制现场制作支柱，成品钢立柱不论何种形状均套用钢管立柱。

e. 金属网面包括钢板网、铁丝网等连续架设的金属网。框架式网片指带边框固定规格供应的金属网片。

f. 反光柱规格为 $\phi 89\times 1\ 200$，包含基础开挖及混凝土浇捣。

⑤交通设施铁构件需镀锌时执行《广西壮族自治区建筑装饰装修工程消耗量定额》相应子目。

3.4 工程量计算规则

1）道路基层

①土边沟成型按设计图示尺寸以“m^3”计算。

②路床碾压按设计长乘以底基层（垫层）最底部宽度加上圆弧等设计加宽部分以“m^2”计算，不扣除各种井位所占的面积。

③道路基层按设计长乘以设计基层顶面与底面的平均宽度加上圆弧等设计加宽部分以“m^2”计算，不扣除单个为“1.5 m^2”以内各种井位所占的面积。

④厂拌设备安拆按设备套数以“座”计算。

⑤道路基层混合料运输按压实后体积以“m^3”计算，对于采购成品混合料的项目，基层中的水泥稳定碎（砂）石混合料按成品采购以“t”计算。

2）道路面层

①道路工程沥青混凝土、水泥混凝土及其他类型路面工程量以设计长乘以设计宽度加上圆弧等加宽部分以“m^2”计算，不扣除 1.5 m^2 以内各类井所占面积，带平石的面层应扣除平石所占面积。若遇到路口时，应加上路口的转角面积。

交叉口转角面积（图 3.12）计算公式如下：

a. 道路正交时，每个转角处增加的面积 $= R^2 - \dfrac{\pi}{4}R^2 = 0.214\ 6R^2$

b. 道路斜交时，每个转角处增加的面积= $R^2 \times \left(\tan\frac{\alpha}{2} - 0.008\ 73\alpha\right)$

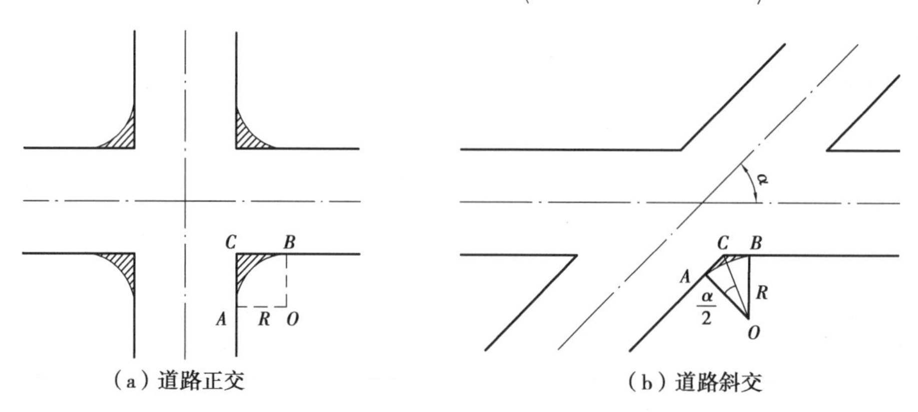

图 3.12　道路交叉口示意图

②伸缩缝按设计伸缩缝长度×伸缩缝深度以"m^2"计算，锯缝机锯缝按长度以"m"计算。

③混凝土路面防滑条按设计图示尺寸以"m^2"计算，不扣除各类井所占面积，但扣除与路面相连的平石、侧石和缘石所占的面积。

④清扫、洗刷路面按实际需清扫洗刷路面面积以"m^2"计算。

3）人行道及其他

①人行道整形碾压按人行道设计图示尺寸以"m^2"计算，不扣除侧石、树池及各类井所占面积。

②垫层按铺设面积乘以厚度以"m^3"计算，混凝土基础按实铺面积以"m^2"计算。

③人行道块料铺设按设计图示尺寸以"m^2"计算，不扣除 1.5 m^2 以内各类井所占面积，但应扣除侧石、条石、树池所占面积。

④安砌路缘石按实铺长度以"m"计算。

⑤现浇侧（平、缘）石按实际浇筑混凝土体积以"m^3"计算。

⑥砌筑树池按设计外围尺寸以"m"计算。

⑦排水沟、截水沟分不同材质按设计体积以"m^3"计算。

⑧砾（碎）石盲沟按设计图示尺寸以"m^3"计算；透水管、PVC 管盲沟按实际铺设长度以"m"计算。

4）交通管理设施

（1）标牌、标杆、门架安装

①交通标志杆安装，其中单柱式杆、单悬臂杆（L 杆）按不同杆高以"套"计算，其他均按不同杆型以"套"计量，包括标牌的紧固件。

②门架拼装按不同跨度以"t"计算。

③圆形、三角形、矩形标志板安装，按不同板面面积以"块"计算。

④突起路标、轮廓标以"只"计算。

⑤反光柱安装以"套"计算。

(2)路面标线

①路面标线已包含各类油漆的损耗,普通标线按漆划实漆面积以“m^2”计算。

②图案、文字标线按单个标记的最大外围矩形面积以“m^2”计算;菱形、三角形、箭头标线按漆划实漆面积以“m^2”计算。

(3)隔离设施

①隔离护栏制作综合各类类型以“t”计算。

②道路隔离护栏的安装长度按设计长度计算,20 cm 以内的间隔不扣除。

③波形钢板护栏包括波形钢板梁、立柱两部分,按设计质量“t”计算。连接螺栓材料已单独列出,工程量不计算连接螺栓质量,但防阻块(质量归入波形钢板),型钢横梁(质量归入立柱)等配件质量应计入。

④隔离栅钢立柱按设计质量“t”计算,应包括斜撑等零件质量。

⑤金属网面增加型钢边框时,应另计边框材料消耗,其余不变。

(4)交通设施拆除

交通设施拆除按相应项目的计量单位计算。

3.5 实训案例

[例 3.1] 水泥混凝土道路,设计厚度 20 cm,宽度 16 m,长度 100 m,道路设一道横向胀缝,填缝料的深度为 4 cm,胀缝填缝的工程量等于(　　)。

A. 0.64 m^2　　B. 40 m^2　　C. 3.2 m^2　　D. 20 m^2

解　选 A。工程量计算规则中,“伸缩缝按设计伸缩缝长度×伸缩缝深度以‘m^2’计算,锯缝机锯缝按长度以‘m’计算。”则胀缝填缝的工程量为:16×0.04=0.64(m^2)。

[例 3.2] 某道路人行道一侧设计宽度为 5.5 m,长度 950 m,人行道两侧有路缘石和路条石,宽度均为 18 cm,并设置 1 m×1 m 正方形石质块料砌筑的树池 15 个。请计算该人行道两侧面层铺设、砌筑树池、路缘石和路条石的工程量。

解　人行道块料铺设按设计图示尺寸以“m^2”计算,不扣除 1.5 m^2 以内各类井所占面积,但应扣除侧石、树池所占面积。

(1)人行道面层面积:[950×(5.5−2×0.18)−1×1×15]×2=9 736(m^2);

(2)砌筑树池工程量:1×4×15×2=120(m);

(3)路缘石工程量:950×2=1 900(m);

(4)路条石工程量:950×2=1 900(m)。

[例 3.3] 某 1 号路 K0+000 ~ K0+500 为沥青混凝土路面结构,路幅横断面形式采用单幅路,即 4 m 路侧人行道(含路缘石和路条石)+30 m 车道(含机动车道和非机动车道)+4 m 路侧人行道(含路缘石和路条石)= 38 m;结构图如 3.13 图所示(单位:cm),求各层定额工程量(保留 2 位小数)。

解　车行道:

(1)路床(槽)整形:(30+0.2×2)×500=15 200(m^2);

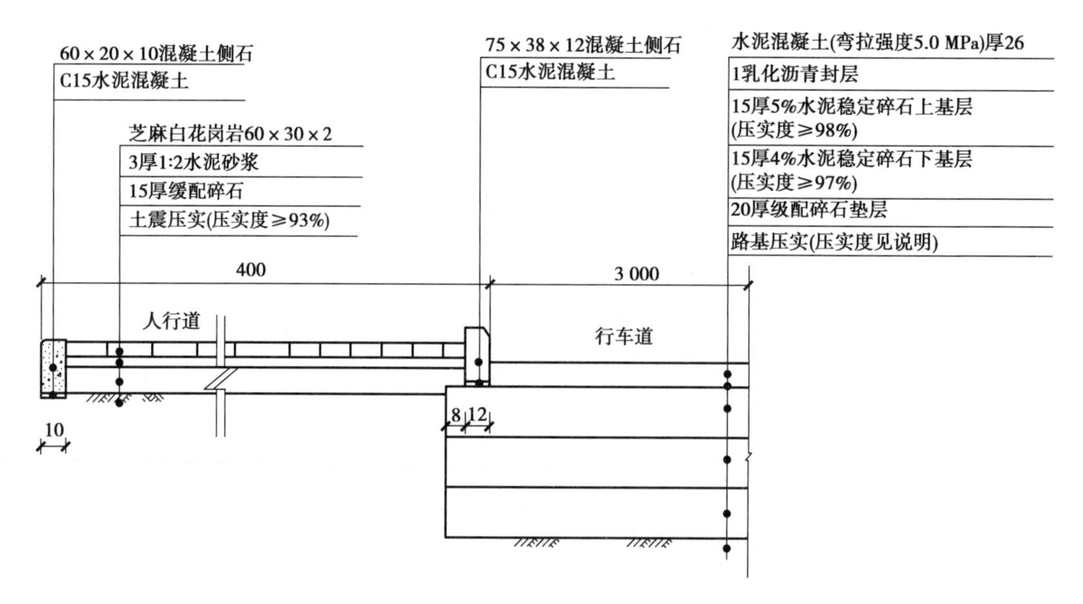

图 3.13　混凝土路面结构设计图(单位:cm)

(2)20 cm 级配碎石垫层面积:(30+0.2×2)×500=15 200(m^2);

(3)15 cm 水泥稳定碎石下基层面积:(30+0.2×2)×500=15 200(m^2);

(4)15 cm 水泥稳定碎石上基层面积:(30+0.2×2)×500=15 200(m^2);

(5)封层:30×500=15 000(m^2);

(6)水泥混凝土面积:30×500=15 000(m^2);

人行道:

(7)人行道整形碾压面积:4×500×2=4 000(m^2);

(8)人行道透水砖面积:(4-0.12-0.1)×500×2=3 780(m^2);

(9)人行道 15 厚级配碎石:(4-0.12-0.1)×500×2×0.15=567(m^3);

(10)路缘石长度:500×2=1 000(m);

(11)路条石长度:500×2=1 000(m)。

[例 3.4]　某市 1 号路 K0+000 ~ K0+600 为沥青混凝土路面结构,路幅横断面形式采用一块板,即 4.5 m 路侧人行道(含路缘石和路条石)+21 m 车道(含机动车道和非机动车道)+4.5 m 路侧人行道(含路缘石和路条石)= 30 m;结构图如图 3.14 所示(单位:cm),求各层定额工程量。

解　车行道:

(1)路床(槽)整形:(21+1.13×2)×600=13 956(m^2);

(2)4 cm 细粒式改性沥青混凝土面积:21×600=12 600(m^2);

(3)黏层:21×600=12 600(m^2);

(4)5 cm 中粒式沥青混凝土面积:21×600=12 600(m^2);

(5)黏层:21×600=12 600(m^2);

(6)7 cm 粗粒式沥青混凝土面积:21×600=12 600(m^2);

(7)封层:21×600=12 600(m^2);

(8)18 cm 水泥稳定碎石上基层面积:[21+2×(0.27+0.45)/2]×600=13 032(m^2);

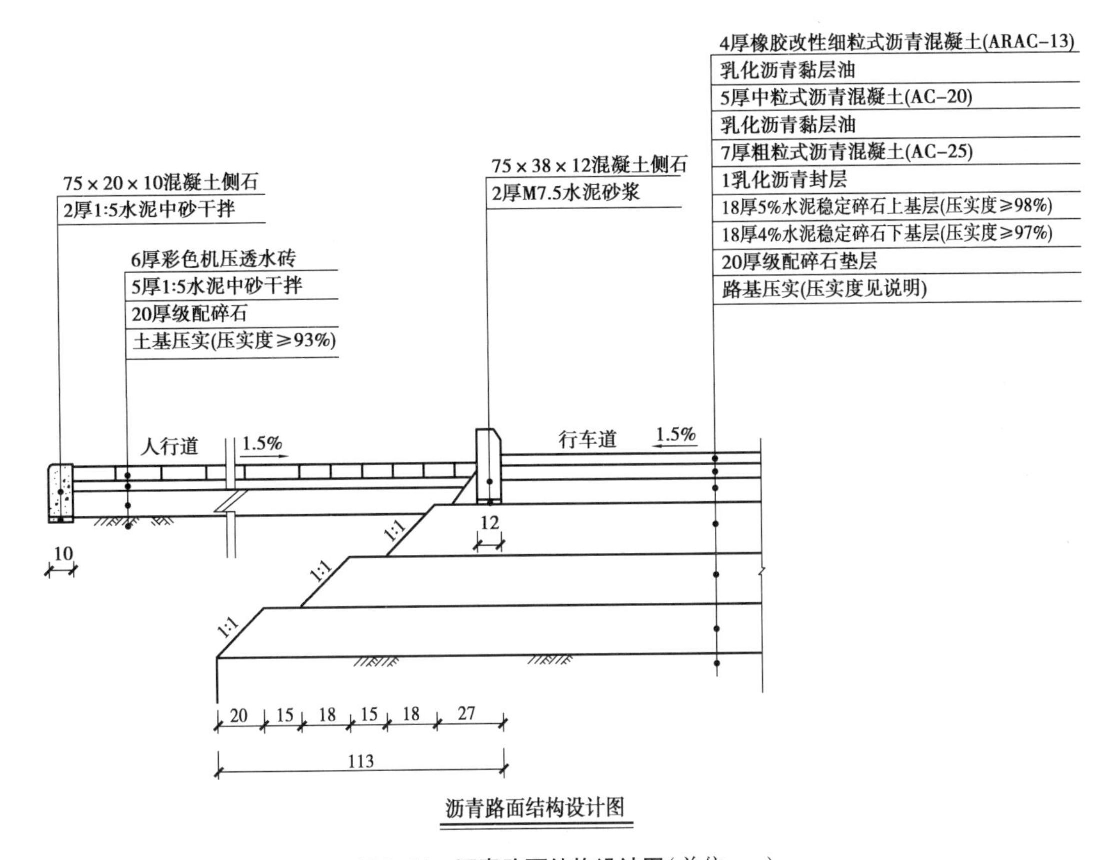

图 3.14　沥青路面结构设计图(单位:cm)

(9)18 cm 水泥稳定碎石下基层面积:[21+2×(0.6+0.78)/2]×600=13 428(m²);

(10)20 cm 级配碎石垫层面积:(21+2×(0.93+1.13)/2)×600=13 836(m²);

人行道:

(11)人行道整形碾压面积:4.5×600×2=5 400(m²);

(12)人行道透水砖面积:(4.5-0.12-0.1)×600×2=5 136(m²);

(13)人行道级配碎石垫层面积:(4.5-0.12-0.1)×600×2×0.2=1 027.2(m³);

(14)路缘石长度:600×2=1 200(m);

(15)路条石长度:600×2=1 200(m)。

[例 3.5]　某道路长 600 m,采用水泥混凝土路面(f_{cm}=4.5 MPa),厚度 20 cm,路面采用刻纹防滑。道路横断面、路面板块划分及各种缝的构造如图 3.15—图 3.20 所示,道路每隔 100 m 设置一条胀缝(包括起终点两端),与胀缝邻近的 3 条缩缝各设置传力杆,其余缩缝为假缝型。采用玛蹄脂填缝,请根据工程背景编制水泥路面工程量清单。

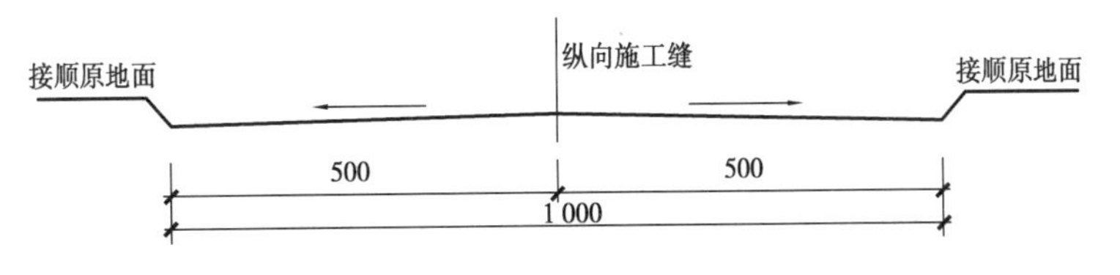

图 3.15　道路横断面大样图(单位:cm)

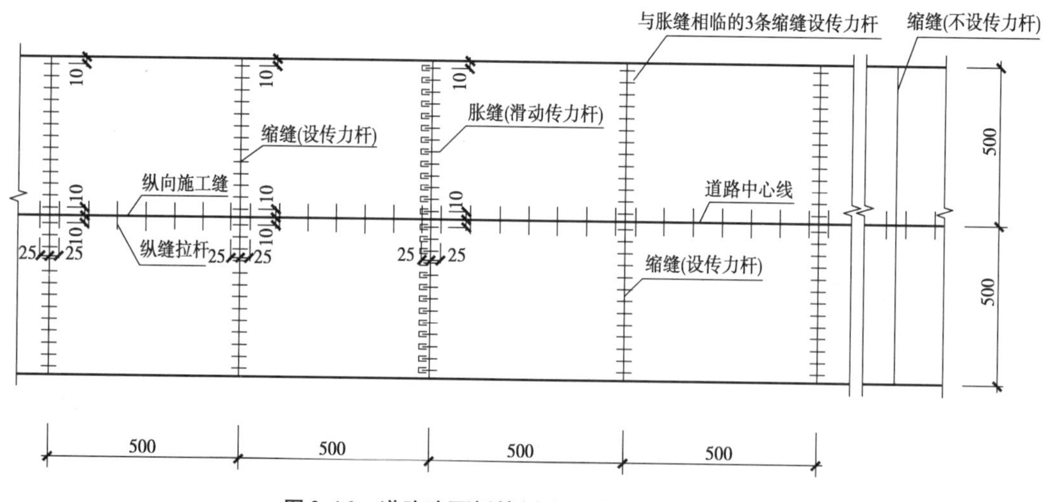

图 3.16　道路路面板块划分设计图(单位:cm)

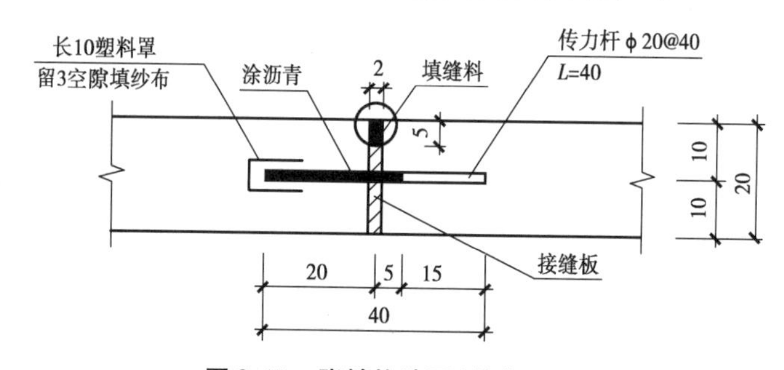

图 3.17　胀缝构造图(单位:cm)

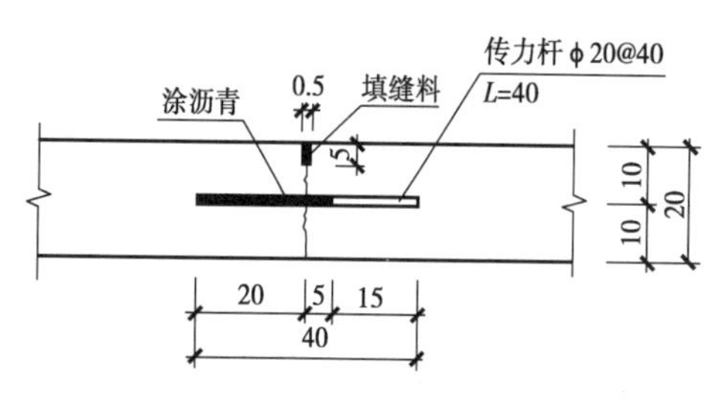

图 3.18　缩缝设传力杆构造图(单位:cm)

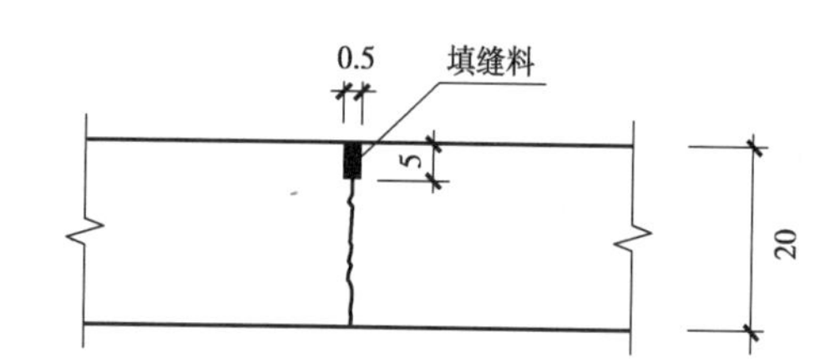

图 3.19　缩缝不设传力杆构造图(单位:cm)

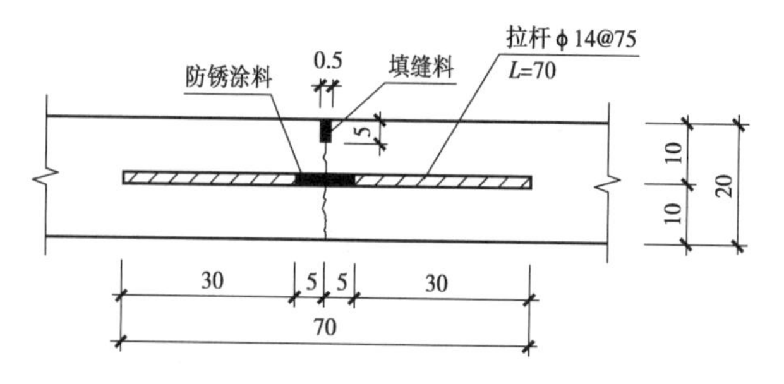

图 3.20　纵缝构造图(单位:cm)

解　(1)根据题目内容列项并套定额,详见表 3.7。注意:定额说明中水泥混凝土路面定额厚度为 22 cm 起步,若铺设厚度未达到 22 cm,执行混凝土基础垫层定额执行。

表 3.7　综合单价分析表

（适用于单价合同）

工程名称：水泥路面

序号	项目编码	项目名称及项目特征描述	单位	工程量	综合单价/元	综合单价/元						
						人工费	材料费	机械费	管理费	利润	增值税	其中：暂估价
	0402	道路工程										
1	040203007001	20 cm 厚水泥混凝土路面（f_m=4.5 MPa） 含模板制作安拆 含锯逢、嵌缝 含刻纹、清扫	m^2	6 000.00	100.25	17.26	60.82	4.52	6.32	3.05	8.28	
	C3-0101 换	混凝土基础 混凝土｛换：碎石 GD40　商品普通混凝土 C35｝	10 m^3	120.000	4 130.53	422.00	2 896.23	202.65	181.15	87.45	341.05	
	C3-0102	混凝土基础 模板	10 m^2	36.400	751.56	365.00	149.00	12.97	109.61	52.92	62.06	
	C2-0120	伸缝 沥青木板	10 m^2	1.050	1 347.71	638.80	322.95		185.25	89.43	111.28	
	C2-0121	伸缝 沥青玛蹄脂	10 m^2	0.350	1 131.93	344.80	545.41		99.99	48.27	93.46	
	C2-0123 换	锯缝机锯缝 缝深(cm) 5[实际 5]	100 m	11.400 0	1 385.58	729.50	153.32	52.21	226.70	109.44	114.41	
	C2-0125 换	沥青玛蹄脂填缝 缝深(cm) 5[实际 5]	100 m	11.400 0	905.92	389.60	274.00		112.98	54.54	74.80	
	C2-0128	刻防滑条	100 m^2	60.000 0	622.22	295.00	107.68	28.89	93.93	45.34	51.38	

续表

序号	项目编码	项目名称及项目特征描述	单位	工程量	综合单价/元	综合单价/元						
						人工费	材料费	机械费	管理费	利润	增值税	其中：暂估价
	C2-0129	清扫洗刷(扫刷)路面	100 m^2	60.000 0	218.90	139.50	1.34		40.46	19.53	18.07	
2	040901001001	胀缝传力杆 ϕ20(带套筒)	t	0.180	6 469.12	925.78	4 596.22	10.39	271.50	131.06	534.17	
	C2-0119 换	钢筋制作、安装 传力杆(有套筒)	t	0.180	6 469.11	925.80	4 596.24	10.37	271.49	131.06	534.15	
3	040901001002	缩缝传力杆 ϕ20(不带套筒)	t	0.924	6 330.24	925.80	4 468.84	10.37	271.49	131.06	522.68	
	C2-0119 换	钢筋制作、安装 传力杆(不带套筒)	t	0.924	6 330.24	925.80	4 468.84	10.37	271.49	131.06	522.68	
4	040901001003	现浇构件钢筋(纵缝)	t	0.711	6 126.81	782.31	4 473.08	20.38	232.78	112.38	505.88	
	C2-0117	钢筋制作、安装 构造筋	t	0.711	6 126.80	782.30	4 473.08	20.38	232.78	112.38	505.88	

注：一般计税法的增值税为增值税销项税(各项费用的价格不包含增值税进项税额)；
简易计税法的增值税为应纳增值税(各项费用的价格包含增值税进项税额)。

(2)计算定额工程量,详见表3.8。

表3.8 分部分项工程量计算表

工程名称:水泥路面

编号	工程量计算式	单位	标准工程量	定额工程量
0402	道路工程			
040203007001	20 cm 厚水泥混凝土路面(f_m=4.5 MPa) 含模板制作安拆 含锯逢、嵌缝 含刻纹、清扫	m^2	6 000.00	6 000.00
	600×10		6 000.00	
C3-0101 换	混凝土基础 混凝土{换:碎石 GD40 商品普通混凝土 C35}	10 m^3	1 200.00	120.000
	600×10×0.2		1 200.00	
C3-0102	混凝土基础 模板	10 m^2	364.00	36.400
	600×0.2×3+10×2×0.2		364.00	
C2-0120	伸缝 沥青木板	10 m^2	10.50	1.050
	//600/100+1		7.00	
	10×0.15×7		10.50	
C2-0121	伸缝 沥青玛蹄脂	10 m^2	3.50	0.350
	10×0.05×7		3.50	
C2-0123 换	锯缝机锯缝 缝深(cm) 5[实际5]	100 m	1 140.00	11.400 0
	//600/5+1-7 伸缝		114.00	
	114×10		1 140.00	
C2-0125 换	沥青玛蹄脂填缝 缝深(cm) 5[实际5]	100 m	1 140.00	11.400 0
	114×10		1 140.00	
C2-0128	刻防滑条	100 m^2	6 000.00	60.000 0
	600×10		6 000.00	
C2-0129	清扫洗刷(扫刷)路面	100 m^2	6 000.000 0	60.000 0
040901001001	胀缝传力杆 ϕ20(带套筒)	t	0.180	0.180
//	(500-10-10)/40+1		13.000	
//数量	13×2×7		182.000	
	182×0.4 长×20×20×0.006 17/1 000		0.180	
C2-0119 换	钢筋制作、安装 传力杆(有套筒)	t	0.180	0.180
040901001002	缩缝传力杆 ϕ20(不带套筒)	t	0.924	0.924
//	(500-10-10)/40+1		13.000	

续表

编号	工程量计算式	单位	标准工程量	定额工程量
//数量	13×2×6×6		936.000	
	936×0.4 长×20×20×0.006 17/1 000		0.924	
C2-0119 换	钢筋制作、安装 传力杆(不带套筒)	t	0.924	0.924
040901001003	现浇构件钢筋(纵缝)	t	0.711	0.711
//	(500-25-25)/75+1		7.000	
//	600/5		120.000	
//	120×7		840.000	
	840×0.7×14×14×0.006 17/1 000		0.711	
C2-0117	钢筋制作、安装 构造筋	t	0.711	0.711
	0.711		0.711	

[**例** 3.6]　综合案例

道路工程施工图设计说明

一、项目概况

本项目位于××市城北新区,道路起点接桂林路交叉口,终点接郁林路交叉口,路线长度428.033 m,路幅宽度为 24 m,双向 2 车道。道路等级为城市支路,设计速度 30 km/h。

路线北起郁林路交叉口边缘,起点桩号为 K0+035.973,往南与规划路相交,终点接桂林路交叉口边缘,终点桩号为 K0+464.006。设计桩号范围 K0+035.973—K0+464.006,设计长度 428.033 m。道路规划红线为 24 m,双向 2 车道,横断面为单幅路布置,人行道(4 m)+车行道(8 m)+车行道(8 m)+人行道(4 m)= 24 m。

设计内容为:道路工程、给排水工程、电气工程、绿化工程等市政公用设施工程。

二、设计依据及技术标准规范

①委托书。

②业主提供的地形图。

③相关技术规范等相关资料。

④《城市道路工程设计规范(2016 年版)》(CJJ 37—2012)。

⑤《市政公用工程设计文件编制深度规定》。

⑥《城市道路路基设计规范》(CJJ 194—2013)。

⑦相关施工及验收规范。

⑧《无障碍设计规范》(GB 50763—2012)。

⑨《公路水泥混凝土路面设计规范》(JTG D40—2011)。

⑩《城镇道路路面设计规范》(CJJ 169—2012)。

⑪《城市道路交叉口设计规程》(CJJ 152—2010)。

⑫《城市道路路线设计规范》(CJJ 193—2012)。

三、施工图设计

1. 技术标准(表 3.9)。

表 3.9　技术标准

道路名称	道路等级	设计速度/(km·h^{-1})	路幅宽度/m	路面设计标准轴载	道路横断面型式	双向机动车道数
迎宾大道	城市支路	30	24	BZZ-100 kN	单幅路	2

①路面结构类型:沥青混凝土道路。

②路面结构达到临界状态的设计年限:20 年。

③抗震设防:根据《城市道路工程设计规范》(CJJ 37—2012),道路工程应按国家规定工程所在地区的抗震标准进行设防,本道路采用简易设防。

④本工程采用西安坐标系,黄海高程。

2. 平面设计

本项目路段长 428.033 m,路线北起郁林路交叉口边缘,往南与规划路相交,终点接桂林路交叉口边缘,道路呈直线形。平面设计指标见表 3.10。

表 3.10　道路平面设计指标表

道路名称	道路等级	设计速度/(km·h^{-1})	路幅宽度/m	最大圆曲线半径/m	最小圆曲线半径/m	平曲线个数/个
迎宾大道	城市支路	30	24	0	0	0

3. 纵断面设计

根据《城市道路工程设计规范》(CJJ 37—2012),综合考虑沿线地形、地下管线、地质、水文、气候和排水,道路红线范围及平、纵、横三者综合考虑,合理选择变坡点,确保路基稳定,减少防护工程,并适当考虑填挖平衡。本着尽量节省投资、减少路基土石方并与沿线地形及周边环境相协调的原则进行设计。道路纵坡为 0.364%,道路纵坡呈直线型。

4. 横断面设计

道路横断面设计是在规划的红线宽度范围内进行的,横断面型式、布置、各组成部分尺寸及比例符合道路类别、级别、设计速度、设计年限的交通量和人流量、交通特性、交通组织、交通设施、地上杆线、地下管线、绿化、地形等因素的要求,保障车辆和人行交通安全通畅。主要设计指标见表 3.11。

表 3.11　横断面设计指标表

道路名称	道路等级	设计速度/(km·h^{-1})	路幅宽度/m	横断面型式	路幅型式	双向机动车道数/条
迎宾大道	城市支路	30	24	4 m 人行道+8 m 车道+8 m 车道+4 m 人行道	单幅路	2

5. 路基设计

贯彻因地制宜、就地取材的原则,采取必要的排水防护措施和经济有效的病害防治措施,防止各种不利的自然因素对路基造成危害,以确保路基的强度、稳定性和耐久性。

6. 路面结构设计

路面结构结合当地的气候、水文、土质、材料、工程实践经验、施工和养护条件等，按《城市道路工程设计规范》(CJJ 37—2012)进行设计。

根据可行性研究报告的交通量数据，本道路设计年限内设计车道上的标准轴载作用次数为4 254 456次，为轻交通等级，路面设计弯拉强度≥4.5 MPa。路面结构设计见表3.12、表3.13。

表3.12 路面结构组合设计表

结构层	机动车道各层厚度/cm
细粒式沥青混凝土	4
中粒式沥青混凝土	6
沥青碎石下封层、透层	1
5%水泥稳定碎石基层	20
4%水泥稳定碎石基层	20
级配碎石	20
合计	71

7. 路基路面排水

本项目道路的路基、路面排水是根据路线平面、纵断面，结合沿线地形，气候，降雨，地表河流，水塘水系的分布，及道路两侧土地的开发，综合考虑进行。使路基，路面排水相互结合形成良好的排水系统，使道路排水顺畅，保证路基、路面的稳定和安全行车。

表3.13 人行道路面结构组合表

结构层	厚度/cm
彩色人行道砖	6
1:5水泥中砂干拌	5
级配碎石垫层	15
土基夯实	夯实度≥93%
合计	26

道路施工期间，须设临时排水沟、边沟和截水沟，以汇集路外雨水，防止冲刷，浸泡路基，水就近排入附近水系或通过雨水口排入道路排水系统。

8. 附属工程设计

路缘石宜设置在中间分隔带、两侧分隔带及路侧带两侧，当设置在路侧带两侧时，外露15 cm。预制水泥混凝土路缘石抗压强度不低于30 MPa，弯拉强度不低于4 MPa，吸水率不大于8%平缘石宜设置在人行道与绿化带之间，以及有无障碍要求的路口或人行横道范围内。

无障碍设计，人行道按照规范设置盲道和方便残疾人通行的坡道，盲道宽50 cm，坡道坡度为1/12。

解 该工程工程量清单综合单价分析表详见表3.14。

表 3.14　综合单价分析表

（适用于单价合同）

工程名称:迎宾大道道路工程

序号	项目编码	项目名称及 项目特征描述	单位	工程量	综合单价/元	综合单价/元						
						人工费	材料费	机械费	管理费	利润	增值税	其中:暂估价
		分部分项工程										
	0402	道路工程		6 755.79								
1	040202001001	路床(槽)整形	m^2	8 286.44	3.74	0.36		2.04	0.69	0.34	0.31	
	C2-0001	路床整形 路床碾压	100 m^2	82.864 4	373.23	35.90		203.55	69.44	33.52	30.82	
2	040202011001	级配碎石垫层 厚度:20 cm 部位:机非混合车道	m^2	7 834.57	39.64	2.62	25.84	4.74	2.14	1.03	3.27	
	C2-0021 换	级配碎石摊铺 厚 20 cm[实际 20]	100 m^2	78.345 7	3 964.34	262.10	2 583.73	474.46	213.60	103.12	327.33	
3	040202015001	水泥稳定碎石(底基层) 水泥含量:4%水泥稳定碎石 厚度:20 cm 运距:10 km 部位:机非混合车道	m^2	7 534.94	66.25	1.43	42.18	11.58	3.77	1.82	5.47	
	C2-0031 换	集中拌制摊铺 水泥稳定碎石基层 水泥含量 5% 厚 20 cm[实际 20]	100 m^2	75.349 4	5 288.73	100.60	4 214.53	345.22	129.29	62.41	436.68	
	C2-0036 换	自卸汽车运输 1 km 12 t[实际 10]	100 m^3	15.069 9	3 804.20			2 440.62	707.78	341.69	314.11	

续表

序号	项目编码	项目名称及项目特征描述	单位	工程量	综合单价/元	综合单价/元						
						人工费	材料费	机械费	管理费	利润	增值税	其中：暂估价
	C2-0041	集中拌制基层混合料摊铺 机械铺筑基层 摊铺机 20 cm	100 m^2	75.349 4	575.18	41.90	3.62	324.58	106.28	51.31	47.49	
4	040202015002	水泥稳定碎石(基层) 水泥含量:5%水泥稳定碎石 厚度:20 cm 部位:机非混合车道	m^2	7 320.93	69.01	1.43	44.71	11.58	3.77	1.82	5.70	
	C2-0031 换	集中拌制摊铺 水泥稳定碎石基层 水泥含量 5% 厚 20 cm[实际 20]	100 m^2	73.209 3	5 564.23	100.60	4 467.28	345.22	129.29	62.41	459.43	
	C2-0036 换	自卸汽车运输 1 km 12 t[实际 10]	100 m^3	14.641 9	3 804.20			2 440.62	707.78	341.69	314.11	
	C2-0041	集中拌制基层混合料摊铺 机械铺筑基层 摊铺机 20 cm	100 m^2	73.209 3	575.18	41.90	3.62	324.58	106.28	51.31	47.49	
5	040203004001	沥青碎石下封层 材料品种:乳化沥青 部位:机非混合车道	m^2	7 089.79	4.76	0.50	2.91	0.52	0.30	0.14	0.39	
	C2-0074	喷洒乳化沥青 下封层	100 m^2	70.897 9	477.42	50.50	290.99	52.31	29.81	14.39	39.42	
6	040203003001	透层 材料品种:乳化沥青 喷油量:1.0 kg/m^2	m^2	7 089.79	2.81	0.01	2.44	0.09	0.03	0.01	0.23	
	C2-0058	透层 无结合料粒料基层 乳化沥青 1 kg/m^2	1 000 m^2	7.089 79	2 821.42	9.10	2 439.60	95.00	30.19	14.57	232.96	

7	040203003002	热沥青粘层油 0.5 L/m^2 材料品种:乳化沥青 喷油量:0.5 kg/m^2	m^2	6 755.79	1.41	0.02	1.22	0.03	0.01	0.01	0.12	
	C2-0062 换	黏(粘层)沥青层 乳化沥青 0.3 kg/m^2	1 000 m^2	6.755 79	1 411.15	17.50	1 220.70	34.20	14.99	7.24	116.52	
8	040203006001	6 cm 厚粗粒式沥青混凝土(AC-20C) 沥青品种:AH—70 型 沥青混合料种类:AC-20 型 厚度:6 cm 部位:机非混合车道 运距:11 km	m^2	6 755.79	67.00	1.58	49.66	6.68	2.39	1.16	5.53	
	C2-0101	沥青混凝土 粗粒式	10 m^3	40.940	9 649.61	179.40	8 106.52	342.51	151.35	73.07	796.76	
	C2-0111 换	自卸汽车运输沥青混合料 装载质量 12 t 以内 1 km 内[实际 11]	100 m^3	4.094 0	5 420.03			3 477.27	1 008.41	486.82	447.53	
	C2-0079 换	粗粒式沥青混凝土路面 机械摊铺 厚 6 cm[实际 6]	100 m^2	67.557 9	523.86	49.40	53.38	249.36	86.64	41.83	43.25	
9	040203006002	4 cm 厚橡胶改性细粒式沥青混凝土(ARHM-SD-13C) 沥青品种:AH—70 型 沥青混合料种类:AC-13C 型 厚度:4 cm 部位:机非混合车道 运距:11 km	m^2	6 755.79	59.69	1.19	46.15	4.83	1.75	0.84	4.93	

续表

序号	项目编码	项目名称及 项目特征描述	单位	工程量	综合单价/元	综合单价/元						
						人工费	材料费	机械费	管理费	利润	增值税	其中：暂估价
	C2-0105	沥青混凝土 细粒式改性橡胶	10 m^3	27.361	13 183.07	200.00	11 288.87	363.42	163.39	78.88	1 088.51	
	C2-0111 换	自卸汽车运输沥青混合料 装载质量 12 t 以内 1 km 内［实际 11］	100 m^3	2.736 1	5 420.03			3477.27	1 008.41	486.82	447.53	
	C2-0096 换	细粒式沥青混凝土路面 机械摊铺 厚 4 cm［实际 4］	100 m^2	67.557 9	410.76	38.30	43.02	195.14	67.70	32.68	33.92	
	040204	人行道及其他										
10	040204001001	人行道整形碾压 压实度≥90% 部位：人行道路基	m^2	3 183.00	4.67	2.54		0.45	0.87	0.42	0.39	
	C2-0130	人行道整形碾压	100 m^2	31.830 0	466.37	254.10		45.10	86.77	41.89	38.51	
11	040202011002	级配碎石垫层 厚度：15 cm 部位：人行道	m^2	2 818.24	30.65	3.45	22.90	0.20	1.06	0.51	2.53	
	C2-0131	人行道块料铺设 垫层 碎石	10 m^3	42.274	2 042.88	230.00	1 526.62	13.06	70.49	34.03	168.68	
12	040204002001	人行道透水砖 块料品种、规格：彩色透水砖 200 mm×100 mm×60 mm 基础、垫层：材料品种、厚度：5 cm 厚 1∶5 水泥中砂干拌	m^2	2 213.16	95.08	26.32	49.45	0.10	7.66	3.70	7.85	

	C2-0141 换	预制混凝土块料 水泥砂浆垫层 每块面积 0.05 m^2 内	100 m^2	22.131 6	9 507.00	2 631.50	4 944.84	9.89	766.00	369.79	784.98	
13	040204002002	人行道盲道砖 块料品种、规格:盲道砖 250 mm×250 mm×60 mm 基础、垫层:材料品种、厚度:5 cm 厚 1∶5 水泥中砂干拌	m^2	417.50	93.34	25.20	49.45	0.10	7.34	3.54	7.71	
	C2-0142 换	预制混凝土块料 水泥砂浆垫层 每块面积 0.1 m^2 内	100 m^2	4.1750	9 333.21	2 520.00	4 944.84	9.89	733.67	354.18	770.63	
14	040204004001	安砌混凝土路缘石 材料:C30 混凝土预制块,普通立缘石 尺寸:75 cm×38 cm×12 cm 垫层材料品种、厚度:C15 混凝土靠背基础	m	835.00	56.31	16.00	28.78		4.64	2.24	4.65	
	C2-0152 换	混凝土预制块路缘石 断面面积 360 cm^2 以上{换:碎石 GD40 商品普通混凝土 C15}	100 m	8.350 0	5 631.58	1 600.00	2 878.42	0.12	464.03	224.02	464.99	
15	040204004002	安砌混凝土条石 材料:C30 混凝土预制块 尺寸:75 cm×20 cm×10 cm 垫层材料品种、厚度:C15 混凝土靠背基础	m	802.00	56.31	16.00	28.74		4.64	2.24	4.65	

续表

序号	项目编码	项目名称及 项目特征描述	单位	工程量	综合单价/元	综合单价/元						
						人工费	材料费	机械费	管理费	利润	增值税	其中：暂估价
	C2-0151 换	混凝土预制块路缘石 断面面积 360 cm^2 以内{换:碎石 GD40 商品普通混凝土 C15}	100 m	8.020 0	4 979.88	1 600.00	2 874.32	0.10	464.03	224.01	464.62	
16	040204004003	安砌混凝土平石 材料:C30 混凝土预制块 尺寸:75 cm×40 cm×12 cm	m	835.00	49.79	16.00	22.76	0.03	4.65	2.24	4.11	
	C2-0153 换	混凝土预制块平石	100 m	8.350 0	4 979.88	1 600.00	2 276.11	3.21	464.93	224.45	411.18	
17	040204007001	树池混凝土预制条石(C30预制) 材料品种、规格:混凝土预制块 60 cm×20 cm×10 cm 3 cm 厚 1:3干硬性水泥砂浆 树池尺寸:120 cm×120 cm	m	614.40	48.49	8.02	33.03		2.32	1.12	4.00	
	C2-0163 换	砌筑树池 混凝土块	100 m	6.1440	4 849.13	801.60	3 302.43	0.01	232.47	112.23	400.39	
18	050201004001	树池盖板(箅子) 材料种类:玻璃钢材质 材料规格:1 000 mm×1 000 mm	套	128	328.59	41.86	239.24	2.90	12.09	5.37	27.13	
	D1-751 换	树穴盖板安装 复合材料	套	128	328.59	41.86	239.24	2.90	12.09	5.37	27.13	

19	040205017001	隔离墩 圆柱 ϕ8×70 cm，C30 钢筋混凝土	个	48	109.00		100.00				9.00	
	B-	隔离墩	个	48	109.00		100.00				9.00	
		单价措施项目										
	041106	大型机械、设备进出场及安拆、使用										
20	041106001001	大型机械设备进出场及安拆 履带式挖掘机 1 m^3 以外	台·次	1	1 194.59	100.00	107.79	591.02	200.40	96.74	98.64	
	C1-0505	大型机械场外运输费 履带式挖掘机 1.0 m^3 以内	台次	1	1 194.59	100.00	107.79	591.02	200.40	96.74	98.64	
21	041106001002	大型机械设备进出场及安拆 压路机	台·次	1	1 161.11	100.00	93.99	579.19	196.97	95.09	95.87	
	C1-0514	大型机械场外运输费 压路机	台次	1	1161.11	100.00	93.99	579.19	196.97	95.09	95.87	
22	041106001003	大型机械设备进出场及安拆 履带式推土机 90 kW 以外	台·次	1	1 384.95	100.00	116.49	707.07	234.05	112.99	114.35	
	C1-0513	大型机械场外运输费 履带式推土机 90 kW 以外	台次	1	1 384.95	100.00	116.49	707.07	234.05	112.99	114.35	

注：一般计税法的增值税为增值税销项税（各项费用的价格不包含增值税进项税额）；
简易计税法的增值税为应纳增值税（各项费用的价格包含增值税进项税额）。

3.6 实训任务

1. 某道路设计缩缝，锯缝长度 1 000 m，缝宽 0.5 cm，缝深 5 cm，则缩缝灌缝的定额工程量是(　　)。

A. 5 m^2　　B. 50 m^2　　C. 0.25 m^3　　D. 0.25 m^2

2. 某道路的路缘石尺寸为 75 cm×38 cm×12 cm，套用定额时应套用以下(　　)定额。

A. 断面面积 360 cm^2 以下　　B. 断面面积 360 cm^2 以上

C. 都不对　　D. 不确定

3. 计算道路基层定额工程量时，不扣除(　　) m^2 以内各种井位所占的面积。

A. 1　　B. 1.5　　C. 1.8　　D. 2

4. 某 1 号路 K0+000～K0+600 为沥青混凝土路面结构，路幅横断面形式采用一块板，即 3 m 路侧人行道(含路缘石和路条石)+20 m 车道(含机动车道和非机动车道)+3 m 路侧人行道(含路缘石和路条石)= 26 m；结构图如图 3.21 所示(单位：cm)，求各层定额工程量(保留 2 位小数)。

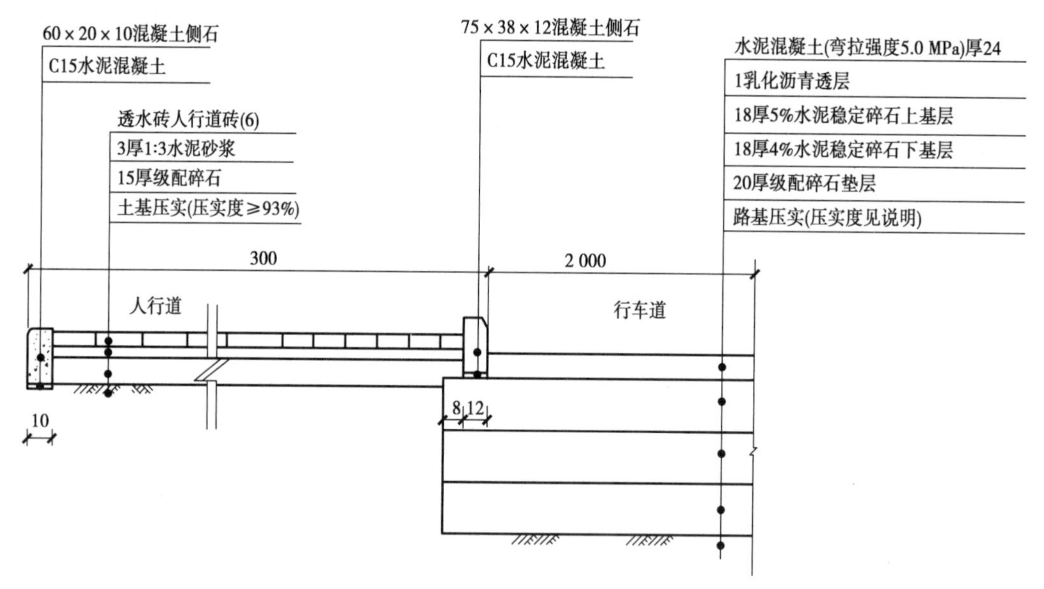

图 3.21　**混凝土路面结构设计图**(单位：cm)

5. 某市 1 号路 K0+000～K0+500 为沥青混凝土路面结构，路幅横断面形式采用一块板，即 4.0 m 路侧人行道(含路缘石和路条石)+20 m 车道(含机动车道和非机动车道)+4.0 m 路侧人行道(含路缘石和路条石)= 28 m；结构和详图如图 3.22 所示(单位：cm)，求各层定额工程量。

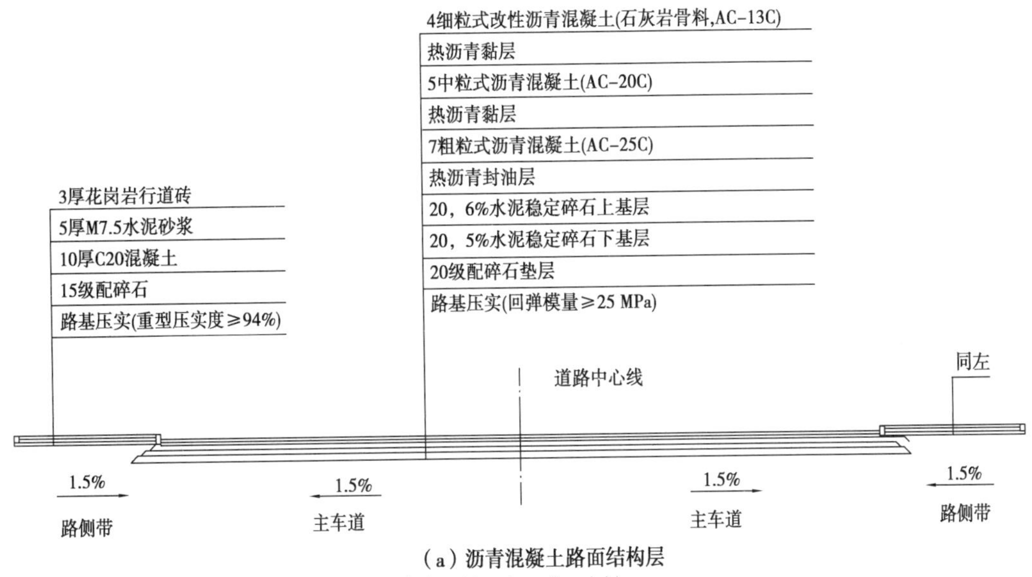

(a) 沥青混凝土路面结构层

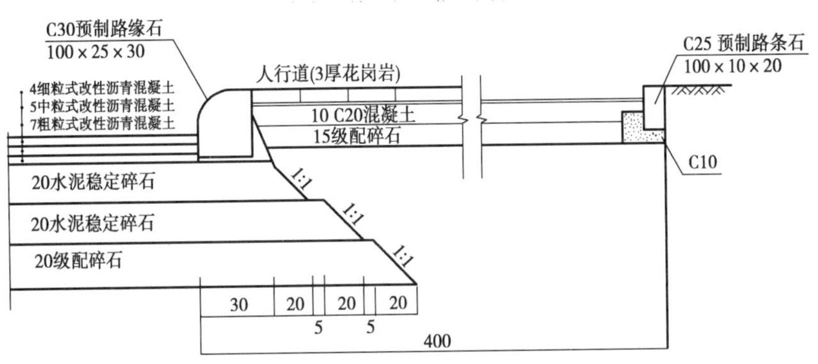

(b) 沥青混凝土路面结构详图

图 3.22　沥青混凝土路面结构图(单位:cm)

4 排水工程实训

4.1 相关知识

4.1.1 排水工程概述

城市排水系统是处理和排除城市污水和雨水的工程设施系统，是城市公用设施的组成部分。城市排水系统规划是城市总体规划的组成部分。城市排水系统通常由排水管道和污水处理厂组成。在实行污水、雨水分流制的情况下，污水由排水管道收集，送至污水处理厂处理后，排入水体或回收利用；雨水径流由排水管道收集后，就近排入水体。

1）城市排水体制

排水体制是指收集、输送污水和雨水的方式。在城市和工业企业中通常有生活污水、工业废水和雨水。在一个区域内可用一个管渠系统来排除，或是采用两个或两个以上各自独立的管渠系统来排除，一般分为合流制和分流制两种基本方式。

（1）合流制

合流制排水系统是将生活污水、工业废水和雨水混合在同一管渠内排除的系统。最早出现的合流制排水系统，是将排除的混合污水不经处理直接就近排入水体，以往国内外很多老城市几乎都是采用这种合流制排水系统。

合流制又分为直排式和截流式。直排式即直接收集污水排至水体；截流式即临河建造截流干管，同时在合流干管与截流干管相交前或相交处设置溢流井，并在截流干管下游设置污水处理厂，当混合污水的流量超过截流干管的输水能力后，部分污水经溢流井溢出，直接排入水体；合流制根据情况可分为直排式合流制、截流式合流制、全处理式合流制 3 种。

（2）分流制

分流制排水系统是将生活污水、工业废水和雨水分别在两个或两个以上各自独立的管渠内排除的系统。排除城镇污水或工业废水的系统称污水排水系统；排除雨水（道路冲洗水）的系统称为雨水排水系统。

由于排除雨水方式的不同，分流制排水系统又分为完全分流制和不完全分流制两种排水系统。在城市中，完全分流制排水系统具有污水排水系统和雨水排水系统，而不完全分流制只具有污水排水系统，未建雨水排水系统，雨水沿天然地面、街道边沟、水渠等原有渠道系统排泄，或者为了补充原有渠道系统输水能力的不足而修建部分雨水管道，待城市进一步发展再修建雨水排水系统而转变成完全分流制排水系统。

合理地选择排水体制，是城镇和工业企业排水系统规划和设计的重要问题。排水体制的选择，它不仅从根本上影响排水系统的设计、施工、维护管理，而且对城市和工业企业的规划和环境保护影响深远，同时也影响排水系统工程的总投资、初期投资以及维护管理费用。通常，排水体制的选择应满足环境保护的需要，根据当地条件，通过技术经济比较确定，而环境保护应是选择排水体制时所考虑的主要问题。

2）排水管材

（1）混凝土管

混凝土管适用于排除雨水和污水，可分为混凝土管、轻型钢筋混凝土管和重型钢筋混凝土管 3 种。它具有便于就地取材、制造方便、承压力强等优点，主要缺点是抵抗酸、碱浸蚀及抗渗性能差，管节短、接头多、施工复杂、质量重、搬运不便等。按管口形式可分为平口式（图 4.1），企口式（图 4.2）和承插式（图 4.3）3 种。

（2）陶土管

陶土管适用于排除酸性废水或管外有侵蚀性地下水的污水管道（图 4.4）。陶土管的优点是内外壁光滑、水流阻力小、耐磨损、抗腐蚀，缺点是管节短，接口多，安装施工麻烦。按管口形式可分为平口式和承插式两种。

图 4.1　平口式混凝土管

图 4.2　企口式混凝土管

（3）PVC 双壁波纹管

PVC 双壁波纹管是以硬聚氯乙烯为主要原料，分别由内、外挤出，一次成型，内壁平滑，外壁呈梯形波纹状，内外壁之间有夹壁空心的塑料管材。其具有强度高，内壁光滑，摩擦阻力小，质量轻，搬运安装方便，施工快捷、安装成本低、使用寿命长等特点，双壁波纹管一般为 6 m/根，采用胶圈连接等（图 4.5）。

(4)HDPE 双壁波纹管

HDPE 双壁波纹管材是以高密度聚乙烯为原料的一种轻质管材,具有质量轻、耐高压、韧性好、施工快、寿命长、环保无毒等特点,与其他管材相比,其管壁结构设计可以大大降低成本,并且由于连接方便、可靠,在国内外得到广泛应用。管道长度一般为6 m/根,常用热熔带连接(图4.6)。

图4.3 承插式混凝土管

图4.4 陶土管

图4.5 PVC 双壁波纹管

图4.6 HDPE 双壁波纹管

(5)玻璃钢夹砂管

玻璃钢夹砂管(RPMP)是以树脂为基体材料,玻璃纤维及其制品为增强材料,石英砂为填充材料而制成的新型复合材料。其特点为轻质高强、耐腐蚀性能好、使用寿命长、内壁光滑,管道有效长度可达12 m,接头少,并采用了双O型密封圈连接(图4.7)。

3)排水管道接口

根据接口的弹性,排水管道的接口可分为柔性接口、刚性接口和半柔半刚性接口3种形式。

(1)柔性接口

柔性接口允许管道纵向轴线交错3~5 mm或交错一个较小的角度,而不致引起渗漏。常用的有橡胶圈接口。其在土质较差、地基硬度不均匀或地震地区采用,具有独特的优越性。

(2)刚性接口

刚性接口不允许管道有轴向的交错,但比柔性接口造价低,适用于承插管、企口管及平口管的连接。常用的刚性接口有水泥砂浆抹带接口和钢丝网水泥砂浆抹带接口。刚性接口抗震性能差,用在地基比较良好,以及有带形基础的无压管道上。

(3)半柔半刚性接口

半柔半刚性接口介于刚性接口及柔性接口之间,使用条件与柔性接口类似。常用的有预制套环石棉水泥(或沥青砂浆)接口。这种接口适用于地基较弱地段,在一定程度上可防止管道沿纵向不均匀沉陷而产生的纵向弯曲或错口,一般常用于污水管道。

图 4.7　玻璃钢夹砂管

4)排水管道基础

排水管道的基础一般由地基、基础和管座 3 部分组成(图 4.8)。地基是指沟槽底的土壤部分,用于承受管道和基础的质量、管内水重、管上土压力和地面上的荷载。垫层是根据需要设定的,主要作用是隔水、排水、防冻以改善基层和土基的工作条件,其水稳定性要求较好。基础是指管道与地基间经人工处理或专门建造的设施,其作用是使管道较为集中的荷载均匀分布,以减少对地基单位面积的压力,如原土夯实、混凝土基础等。管座是管道下侧与基础之间的部分,设置管座的目的在于使管子与基础连成一个整体,以减少对地基的压力和对管道的反力。

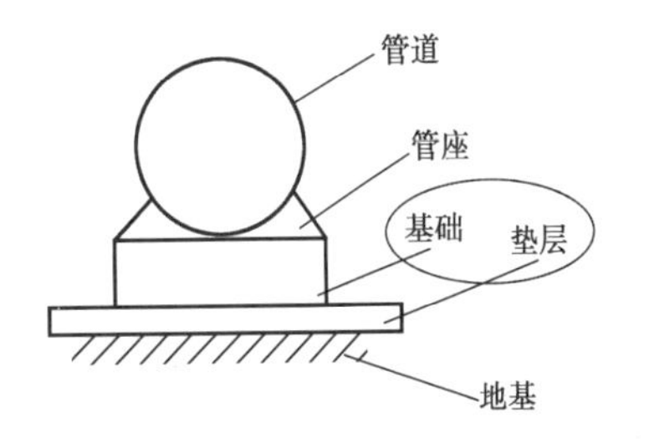

图 4.8　排水管道的基础

排水管道的基础通常有砂土基础和混凝土带形基础。

(1)砂土基础

砂土基础包括弧形素土基础和砂垫层基础。弧形素土基础是在原土上挖一条与管外壁相符的弧形槽(约 90°弧形),管子落在弧形槽里,适用于无地下水,管径小于 600 mm 的混凝土管和陶土管道。砂垫层基础是在槽底铺设一层 10 ~ 15 cm 的粗砂,适用于管径小于 600 mm 的岩石或多石土壤地带(图 4.9)。

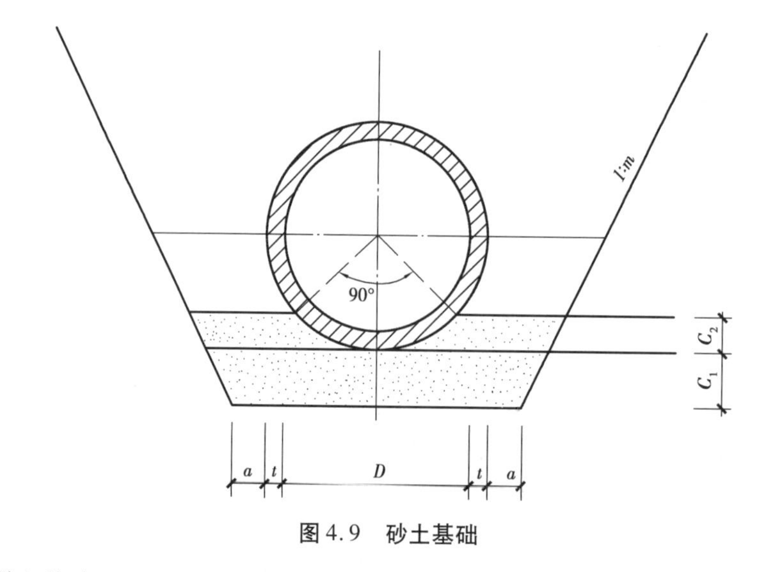

图 4.9　砂土基础

(2)混凝土基础

绝大部分的排水管道基础为混凝土基础。混凝土的强度等级一般为 C10 ~ C25。管道设置基础和管座的目的,是保护管道不致被破坏。管座包的中心角越大,管道的受力状态越好。通常管座包角分为 120°、135°和 180°等,如图 4.10 所示。

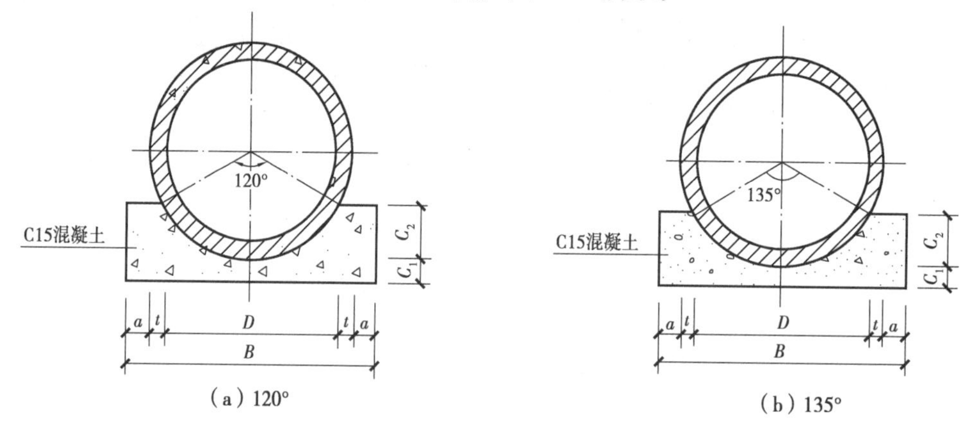

图 4.10　混凝土基础

5)排水管网构筑物

排水管渠系统上的构筑物包括雨水口、检查井、跌水井、出水口等。

(1)雨水口

雨水口是管道排水系统汇集地表水的设施,在雨水管渠或合流管渠上收集雨水的构筑物,由进水箅、井身及支管等组成。雨水口一般设在道路两侧,间距一般为 30 m。

雨水口型式有平箅式(图 4.11)、立式(图 4.12)和联合式等。平箅式雨水口有缘石平箅式和地面平箅式。缘石平箅式雨水口适用于有缘石的道路,地面平箅式适用于无缘石的路面、广场、地面低洼聚水处等。立式雨水口有立孔式和立箅式,适用于有缘石的道路,其中立孔式更适用于箅隙容易被杂物堵塞的地方。联合式雨水口是平箅与立式的综合形式,适用于路面较宽、有缘石、径流量较集中且有杂物处。

(2)检查井

为了便于对管渠系统的检查和清理,必须设置检查井。按照制作材料分,有砖砌检查井、预制钢筋混凝土检查井、不锈钢检查井、玻璃钢夹砂检查井、塑料检查井等;按照功能特性分,有截流井、流槽井、沉泥井等;按照形状分,有圆形、方形、扇形等。检查井由井底(包括基础)、井身和井盖组成,如图 4.13 所示。井底材料一般采用低强度混凝土,为使水流流过检查井时阻力较小,井底宜设半圆形或弧形流槽;井身材料可采用砖、石、混凝土或钢筋混凝土,一般大多采用砖砌,以水泥砂浆抹面;检查井井盖和井座采用铸铁或钢筋混凝土,在车行道上一般采用铸铁。

图 4.11　平箅式雨水口

图 4.12　立式雨水口

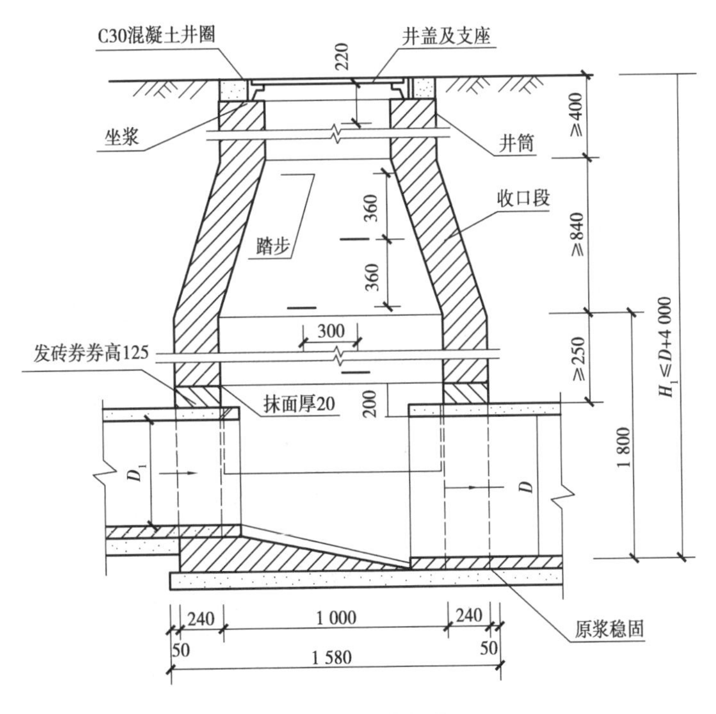

图 4.13　检查井

(3)跌水井

当检查井衔接的上下游管底标高落差大于 1 m 时,为消减水流速度,防止冲刷,在检查井内应设置消能设施,这种检查井称为跌水井,如图 4.14 所示。

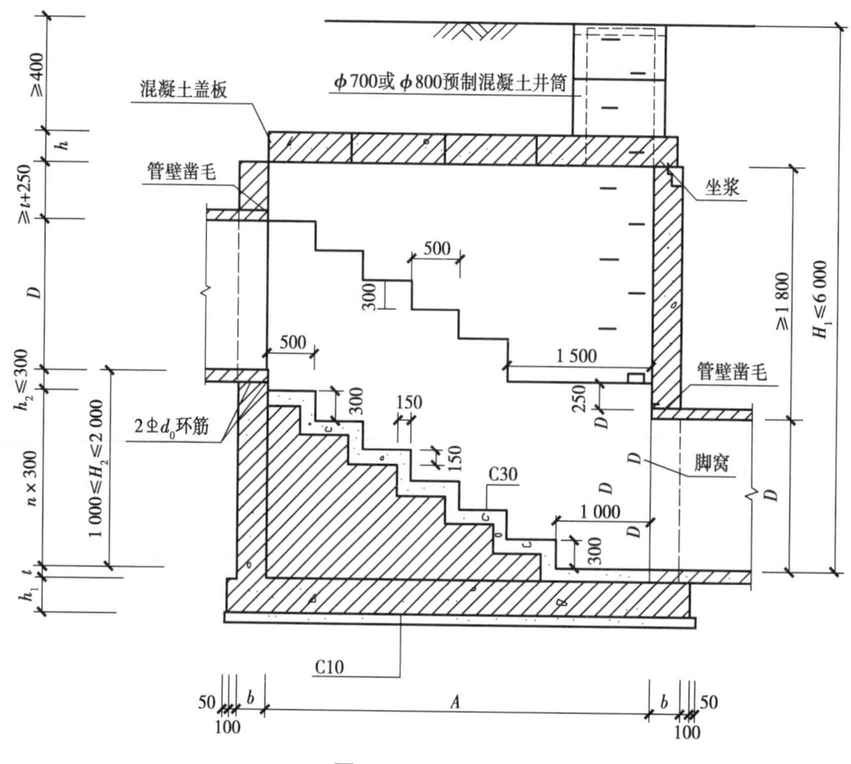

图 4.14　跌水井

(4)出水口

排水管渠的出水口一般设在岸边,出水口与水体岸边连接处做成护坡或挡土墙,以保护河岸及固定出水管渠与出水口。出水口有多种形式,常见的有一字式、八字式(图 4.15)和门字式。如果出水口的高程与水体的水面高差很大时,应考虑设置跌水。

图 4.15　八字式出水口

4.1.2　排水工程识图

市政排水工程施工图一般由封面、设计说明、管线标准横断面图、管道平面图、管道纵断面图、沟槽回填图、详图等组成。

1）排水工程图一般规定

（1）标高

室外工程应标注绝对标高；无绝对标高时也可标注相对标高。压力管应标注管中心标高，沟渠和重力管应标注沟（管）内底标高。

（2）管径

DN 是公称直径，公称直径不是外径，也不是内径，称平均内径。通常用来描述镀锌钢管，例如：DN25。De 是管道外径，采用 De 标注的一般均需要标注成外径×壁厚的形式，例如：De25 mm×2.5 mm。*D* 一般指内径，主要用于混凝土管的规格表述，例如：*D*400。

混凝土排水管管径均为内径，双壁波纹管为外径，高密度聚乙烯（HDPE）缠绕管、玻璃纤维增强塑料夹砂管管径为公称直径。

2）综合管线标准横断面图

一般《管道标准横断面图》将道路上涉及的雨水、污水、给水、电力、通信、燃气、热力等专业管线做综合设计，做出平面位置的布置，管线结构由各管线单位自行设计。

（1）图示主要内容

图示主要内容包括道路相关管线的平面位置，与道路横断面图尺寸对应。

（2）道路工程横断面图在编制工程量清单中的主要作用

道路工程横断面图可以帮助人们熟悉管线位置，加深对图纸的了解。

3）排水管道平面图

（1）图示主要内容

①工程范围。

②原有地物情况（包括地上、地下构筑物）。

③起讫点及里程桩号。

④设计排水管道的布置和水流方向，检查井、雨水口等的位置及其相关信息，如管线：雨水 Y、污水 W、给水 J，以不同的线型表示；附属构筑物，图例表示并编号，如 W5，表示 5 号污水检查井。

⑤其他（如指北针、图例、文字说明、接线图等）。

（2）排水管道平面图在编制施工图预算中的主要作用

排水管道平面图提供了排水管道的长度、检查井和雨水口的数量等数据，可用于计算排水管道的长度和附属构筑物的数量，并按具体做法套用相应的预算定额。

4）排水管道纵断面图

沿排水管道中心线方向剖切的截面为排水管道纵断面图，它反映了排水管道的地面起伏情况、管道敷设深度、管道直径及坡度、与其他管道交接情况。排水管道纵断面图主要用距离和高程表示，纵向表示高程，横向表示距离。

(1)图示主要内容

①道路路面中心标高的设计线(即设计纵坡线)及原地面线。

②排水管道的纵向坡度与距离。

③各桩号的设计路面标高、自然地面标高、设计管内底标高(或流水面标高)及管道埋深。

④沿线排水管道、检查井、排水支管等的编号、位置、管径及结构形式。

⑤其他有关说明事项。

(2)排水管道纵断面图在编制工程量清单中的主要作用

排水管道纵断面图主要为排水管道土石方工程、排水管道、检查井的分部分项工程量清单编制提供依据。

5)沟槽回填图

管道沟槽回填按照沟槽回填设计大样图执行。

(1)图示主要内容

①管道沟槽回填材料要求,一般按照深度分层设置。

②回填的深度和宽度尺寸。

③其他有关说明事项。

(2)沟槽回填图在编制工程量清单中的主要作用

沟槽回填图主要为排水管道土石方工程的分部分项工程量清单编制提供依据。

6)管道附属构筑物设计图

管道附属构筑物设计图一般参照标准图集或者设计大样图执行。

(1)图示主要内容

①管道基础类型、混凝土强度等级。

②管道内径、管壁厚度、管基尺寸、基础混凝土量。

③其他有关说明事项。

(2)管道基础图在编制工程量清单中的主要作用

管道基础图主要为排水管道土石方工程的分部分项工程量清单编制提供依据。

7)排水检查井图

①检查井的平面、立面、剖面图。

②检查井的井圈、井盖及井筒的规格尺寸。

③排水管道与检查井的相对位置。

④检查井的基础尺寸、埋深尺寸,配筋图。

⑤其他有关说明事项。

4.1.3 排水工程施工技术

1)施工流程

市政排水管道施工流程包括测量放线、开挖沟槽、管道基础、铺设管道、砌井、闭水试验、回填土方。

(1)测量放线

在施工中,根据设计设定的路线控制点,在现场测中线的起点、终点控制中心桩。埋设坡度板,间距设为 10 m 左右,当机械挖槽时应在人工清槽前埋设坡度板,并确保其埋设牢固,不应高出地面。

(2)开挖沟槽

沟槽开挖形式根据开挖深度和土质不同,分为垂直开挖和放坡开挖两种。开槽断面需要结合槽底宽、槽深以及边坡坡度和分层间留台宽度来确定,槽底的宽度要按照管道结构宽度以及两边工作宽度进行确定。

一般采用机械和人工结合的方法施工。为防止扰动槽底土层,机械挖除控制在距槽底土基标高 20 ~ 30 cm 处采用人工挖土、修整槽底。沟槽挖土,应随挖随运,及时外运至指定地点,沟槽边不得堆土,以减少沟槽壁的压力。为保证槽底土的强度和稳定,施工时不得超挖,也不能扰动;当发生超挖或扰动时,必须按规程进行地基处理。

(3)管道基础

若采用砂土基础需按规定的沟槽宽度满堂铺设、摊铺、压实。若采用混凝土基础,其混凝土的级配应由有资质的试验室试验人员按设计规定的强度进行配合比设计,混凝土浇筑需用振动器振实,基础浇筑完毕后 2 h 内不得浸水,并进行养护。

(4)铺设管道

在施工时,排管前做好清除基础表面污泥、杂物和积水,复核好高程样板的中心位置与标高;排管遵循自下游排向上游的原则;下管可以采用人工和汽车吊配合;铺管时,将一管节水平卧倒缓慢吊下,并移到另一管节的接口处,用人工安排放置,调整管节之间的标高和轴线;管道铺设验收合格后,即可进行混凝土管座及接口施工。

(5)砌井

检查井砌筑施工过程中很容易出现基础尺寸和高程的偏差过大等通病,严重时还会有井壁砌砖通缝、砂浆不密实、不饱满以及抹灰面呈现起鼓发裂等各种影响质量的问题发生,所以在施工作业前一定要做好施工技术交底,避免出现质量问题。施工人员采取技术措施确保基础几何尺寸及高程能够满足施工设计要求,当垫层混凝土满足施工设计强度要求后才可以砌砖施工;砖砌体必须保证灰浆饱满、灰缝卧直,不得有通缝,壁面处理前必须清除表面污物、浮灰等。

(6)闭水试验

根据《给排水管道工程施工及验收规范》(GB 50268—2008),强制规定污水管道、雨污水合流管道及湿陷土、膨胀土地区的雨水管道必须做闭水试验。管道安装及检查井全部完成,并在管道与检查井灌满水 24 h 后,即可进行闭水试验。

(7)回填土方

在对土方正式回填前需要控制好回填土的土质,不能有碎砖、石块和混凝土硬块。每层回填土的厚度都要严格控制,施工人员在回填土夯实后还需对每层检测一遍,在确保其质量合格后才能继续回填。

2)顶管施工

顶管施工技术,是继盾构施工之后发展起来的一种土层地下工程施工方法,主要用于地下给排水管道、天然气管道、电讯电缆管道的施工。它不需要开挖面层,并且能够穿越公路、铁道、河流、地面地下构筑物以及各种地下管线等。

顶管施工的基本原理是,先在工作坑内设置支座和安装液压千斤顶,借助主顶油缸的推力,将工具管或掘进机从工作坑内穿过土层一直推到接收坑内吊起,与此同时,紧随工作管或掘进机后面将预制管道顶入地层(图 4.16)。边顶进边开挖地层,边将管道接长。施工时,先制作顶管工作井及接收井,作为一段顶管的起点和终点,工作井中有一面或两面井壁设有预留孔,作为顶管出口,其对面井壁为承压壁,承压壁前侧安装有顶管的千斤顶及钢后背,千斤顶将工作管顶出工作井预留孔,而后以工作管为先导,逐节将预制管节按设计轴线顶入土层中,直至工作管后第一段管节进入接收井预留孔,便完成一段顶管施工。

随着时间的推移,顶管技术也与时俱进地得到迅速发展,体现在一次性连续顶入距离越来越长、机械化程度越来越高、顶进管材越来越多样化,如钢管、混凝土管、玻璃钢管等。管道顶进的方式有人工挖掘管道顶进、机械顶管、挤压式顶管等。

(a)工作井

(b)机械顶管

图 4.16　顶管施工

4.2　清单项目划分

节选自《建设工程工程量计算规范广西壮族自治区实施细则(修订本)》。

1)管道铺设

管道铺设工程量清单项目名称、计量单位及工程量计算规则,应按表 4.1 的规定执行。

2)管道附属构筑物

管道附属构筑物工程量清单项目名称、计量单位及工程量计算规则,应按表 4.2 的规定执行。

表 4.1　管道铺设(编码:040501)

项目编码	项目名称	计量单位	工程量计算规则
040501001	混凝土管	m	按设计图示中心线长度以延长米计算。不扣除附属构筑物、管件及阀门等所占长度
040501002	钢管		
040501003	铸铁管		
040501004	塑料管		
040501005	直埋式预制保温管		
040501016	砌筑方向	m	按设计图示尺寸以延长米计算
040501017	混凝土方沟		
桂 040501021	渠道基础	m^3	按设计图示尺寸以体积计算
桂 040501022	砌筑渠道		
桂 040501023	现浇混凝土渠道		
桂 040501024	渠道混凝土构件		

表 4.2　管道附属构筑物(编码:040504)

项目编码	项目名称	计量单位	工程量计算规则
040504001	砌筑井	座	按设计图示数量计算
040504002	混凝土井		
040504003	塑料检查井		
040504004	砌筑井筒	m	按设计图示尺寸以井筒延长米计算
040504005	预制混凝土井筒		
040504006	砌体出水口	座	按设计图示数量计算
040504007	混凝土出水口		
040504008	雨水口		

4.3　定额说明

1)定型混凝土管道基础及排水管道敷设

(1)定型混凝土管道基础

①混凝土排水管定型基础按 06MS201 编制。如设计图纸的管道基础与定额所采用的标准图集不同时,执行非定型管道基础相应定额子目。

②平接(企口)式全包混凝土管道基础,截面尺寸按表4.3计算。如实际施工截面尺寸不同,则执行本册非定型管道基础相应定额子目。

表4.3　平接(企口)式全包混凝土管道基础截面尺寸表

序号	项目名称	截面形式	截面尺寸/(mm×mm)
1	*DN*300 全包混凝土管道基础	正方形	$B\times H$=540×540
2	*DN*400 全包混凝土管道基础	正方形	$B\times H$=694×694
3	*DN*500 全包混凝土管道基础	正方形	$B\times H$=830×830
4	*DN*600 全包混凝土管道基础	正方形	$B\times H$=990×990
5	*DN*800 全包混凝土管道基础	正方形	$B\times H$=1 280×1 280
6	*DN*1000 全包混凝土管道基础	正方形	$B\times H$=1 600×1 600

③承插式全包混凝土管道基础截面如与平接(企口)式全包混凝土管道基础截面(表4.3)相同的,执行平接(企口)式全包混凝土管道基础中相应子目。

(2)排水管道敷设

①混凝土排水管管径均为内径,双壁波纹管为外径,高密度聚乙烯(HDPE)缠绕管、玻璃纤维增强塑料夹砂管管径为公称直径。混凝土排水管管长按2 m考虑,双壁波纹管、高密度聚乙烯(HDPE) 缠绕管管长按6 m考虑,排水用玻璃钢夹砂管管长按6 m单胶圈考虑,给水用玻璃钢夹砂管管长按12 m双胶圈考虑,如所铺设的管道长度与定额不同时,接口、橡胶圈、电热熔带数量按实际调整,其余不变。

②在无基础的槽内铺设混凝土管道,其人工费、机械费乘以1.18系数。

③遇有特殊情况,必须在支撑下串管铺设,人工费、机械费乘以1.33系数。

④本定额中的混凝土管、塑料管铺设采用胶圈、电热熔带接口的,胶圈及电热熔带为厂家按管材配置,管材单价中已包括了胶圈及电热熔带费用,不另计其费用。

(3)混凝土排水管道接口

①企口管的膨胀水泥砂浆接口适于360°接口,其他接口均是按管座120°和180°列项的。如管座角度不同,按相应材质的接口做法,以管道接口调整表进行调整(表4.4)。

表4.4　管道接口调整表

序号	项目名称	实做角度/(°)	调整基数	调整系数
1	钢丝网水泥砂浆抹带接口	90	120°接口子目人工、材料	1.330
2	钢丝网水泥砂浆抹带接口	135	120°接口子目人工、材料	0.890
3	企口管膨胀水泥砂浆抹带接口	90	定额中1:2水泥砂浆	0.750
4	企口管膨胀水泥砂浆抹带接口	120	定额中1:2水泥砂浆	0.670
5	企口管膨胀水泥砂浆抹带接口	135	定额中1:2水泥砂浆	0.625
6	企口管膨胀水泥砂浆抹带接口	180	定额中1:2水泥砂浆	0.500

②定额中的水泥砂浆抹带、钢丝网水泥砂浆接口均不包括内抹口,如设计要求内抹口时,按抹口周长每100延长米增加水泥砂浆0.042 m^3、人工525.54元计算。

(4)管道闭水试验

管道闭水试验根据施工及验收规范要求按实际闭水长度计算,不扣除各种井所占长度。

(5)出水口

①各种排水管出水口砌筑中不包含砌筑脚手架费用,应另行计算;门字式、八字式出水口定额不含护底铺砌。

②干砌、浆砌出水口的平坡、锥坡、翼墙执行第一册通用项目相应子目。

2)排水定型井

①排水定型井定额采用以下标准图集编制:检查井按06MS201、20S515,雨水进水井按05S518,预制装配式钢筋混凝土检查井按05SS521,塑料排水检查井按16S524。如工程项目的设计要求与本定额所采用的标准图集不同时,执行非定型井的相应项目。

各类排水定型井的井深按井底基础以上至井盖顶计算。“井深”应区别于“井室深”,“井深”是指井底板面层至井盖顶之间的距离;“井室深”是指井底板面层至井盖板顶之间的距离,如图4.17所示,井深为H_1,井室深为H_2+h。

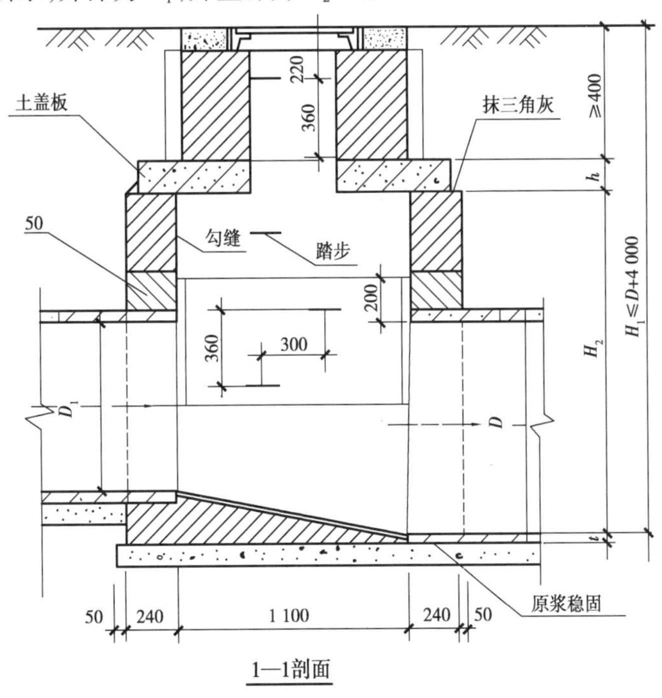

图4.17 排水定型井剖面图

②所有定型雨水、污水检查井均包括防坠网费用,非定型井的防坠网费用在非定型井井盖(箅)安装定额内考虑,但不包括第三方对防坠网进行的检测费用。工程实际施工中采用材料不同时,可对聚乙烯尼龙绳及不锈钢膨胀螺栓进行换算;如构筑物砌筑实际不安装防坠网,应扣除相应高强度、耐腐蚀聚乙烯尼龙绳及不锈钢膨胀螺栓材料费,且每座井扣除人工费14.95元。

③排水定型井定额包括井圈及 20 cm 井筒安装费用，井圈混凝土不另行计算。混凝土路面不设置井圈，应扣除定型井中 C30 混凝土的材料费。

④排水定型井定额包括含模板安装及拆除费用。

⑤砖砌排水定型井定额包括井内抹灰费用，井外壁抹灰执行井内侧抹灰子目，人工费乘以系数 0.8，其余不变。

⑥砖砌井定额不包括井字架费用，当井深超过 1.5 m，井字架执行本册相关定额子目。

⑦各类排水定型井的井深按井底基础面层以上至井盖顶计算。当井深不同时，除定额中列有增(减)调整项目外，可按非定型井中井筒砌筑(安装)定额进行调整。

3)非定型井、管、渠道基础及砌筑

①非定型井混凝土过梁制作、安装执行渠道混凝土过梁制作安装定额子目。

②跌水井跌水部位的抹灰执行流槽抹灰定额子目。

③混凝土平基和管座不分角度执行混凝土基础定额子目。

④小型构件是指单件体积在 0.04 m^3 的构件。

⑤拱(弧)形混凝土盖板的安装，按相应体积的矩形板定额人工费、机械费乘以系数 1.15。

⑥毛石混凝土子目，按毛石占毛石混凝土体积的 20% 编制的，如设计要求不同时，材料可以换算，其余不变。

⑦检查井不包括井字架费用，当井深超过 1.5 m，井字架执行本册相关定额子目；渠道砌墙高度超过 1.2 m，抹灰高度超过 1.5 m 所需脚手架执行第一册通用项目相应定额子目。

⑧非定型管道基础工程量计算应扣除公称直径在 200 mm 以上的管道所占的体积。

⑨渠道抹灰、勾缝执行第一册通用项目相应定额子目。

4)管道支墩(架)、模板、井字架

①管道支架的除锈、刷油、防腐执行《广西壮族自治区安装工程消耗量定额》相应子目。

②模板分别按钢模钢撑、复合木模木撑、木模木撑区分不同材质分别列项，其中钢模模数差部分采用木模。

③预制混凝土模板定额不包括地模、胎模费用。

④小型构件是指单件体积在 0.04 m^3 以内的构件；地沟盖板项目适用于单块体积在 0.3 m^3 以内的矩形板。

4.4 工程量计算规则

1)定型混凝土管道基础及排水管道敷设

①各种角度的混凝土基础、混凝土排水管、塑料排水管、复合材料排水管、金属排水管铺设按井至井之间中心线长度扣除检查井长度，以延长米计算工程量。每座检查井扣除长度按表 4.5 计算。

表 4.5　每座检查井扣除长度

检查井规格/mm	扣除长度/m	检查井规格	扣除长度/m
ϕ700	0.40	各种矩形井	1.00
ϕ1 000	0.70	各种交汇井	1.20
ϕ1 250	0.95	各种扇形井	1.00
ϕ1 500	1.20	圆形跌水井	1.60
ϕ2 000	1.70	矩形跌水井	1.70
ϕ2 500	2.20	阶梯式跌水井	按实扣

②承插式(胶圈接口)混凝土管、双壁波纹管、玻璃纤维增强塑料夹砂管、高密度聚乙烯(HDPE)缠绕管等排水管铺设已含接口安装工作内容,不得重复执行接口定额计算。

③管道铺设以实际铺设长度以“m”计算。

④管道闭水试验按施工及验收规范要求的闭水长度以“m”计算,不扣除各种井所占长度。

⑤管道出水口区分形式、材质及管径,以“处”计算。

2)排水定型井

①各种排水定型井按不同井深、井径以“座”计算。

②各类排水定型井的井深按井底基础面层以上至井盖顶计算。

③预制成品钢筋混凝土排水检查井的体积按成品检查井的外轮廓体积以“m^3”计算。

3)非定型井、管、渠道基础及砌筑

①现浇混凝土垫层、基础、井身、盖板按设计图示尺寸以“m^3”计算。

②砌筑按设计图示尺寸以“m^3”计算。

③抹灰按设计图示尺寸以“m^2”计算。

④各种井的预制构件制作按设计图示尺寸以“m^3”计算,安装以“套”或“m^3”计算。

⑤各类混凝土盖板的制作按设计图示尺寸以“m^3”计算,安装应区分单件(块)体积,以“m^3”计算。

⑥砖砌检查井井筒适用于井深不同的调整和渠道井筒的砌筑,区分高度以“座”为单位计算,高度与定额不同时执行每增减子目。

⑦现浇混凝土检查井井筒适用于井深不同的调整和渠道井筒的浇筑,按实体积以“m^3”计算;预制混凝土检查井井筒按拼接后井筒总体高度以“m”计算。

⑧渠道(包括存水井)闭水试验工程量,按施工及验收规范要求的用水量以“m^3”计算。

4)管道支墩(架)、模板、井字架

①管道支墩按设计图示尺寸以“m^3”计算,不扣除钢筋、铁件所占体积。

②管道金属支架制作、安装按质量以“kg”计算,适用于单件重量在 100 kg 以内的管架制作安装;单件重量大于 100 kg 的管架制作安装执行现行广西壮族自治区安装工程消耗量

定额相应子目。

③现浇及预制混凝土构件模板按接触面积以“m^2”计算。

④井字架按搭设高度以“座”计算。

4.5 实训案例

[例4.1] 某混凝土排水管全长44 m,该排水管共有(　　)处接口。

A.11　　B.12　　C.21　　D.22

解 选C。根据定额相关说明规定,混凝土排水管管长按2 m考虑。44÷2=22根,再减1=21处接口。

[例4.2] 某污水管网工程中的一部分管段如下图4.18所示,设计检查井为ϕ1 250及ϕ1 500的定型检查井,检查井信息详见表4.6,试求该污水管段和检查井的清单和定额工程量。

图4.18 某雨水管网工程图

表4.6 检查井信息

检查井编号	W1	W2	W3	W4
井径	ϕ1 250	ϕ1 500	ϕ1 500	ϕ1 500
桩号	K0+550	K0+610	K0+670	K0+730

解 (1)管网:

清单工程量:730−550=180(m);

定额工程量:730−550−1.2×2−0.95/2−1.2/2=176.53(m)。

(2)检查井:

清单工程量 ϕ1 250　1座　　定额工程量 ϕ1 250　1座

清单工程量 ϕ1 500　3座　　定额工程量 ϕ1 500　3座

[例4.3] 某工程钢筋混凝土排水管道900 m,采用90°砂石基础如图4.19所示,管内径为D800,壁厚t为60 mm,放坡系数m为0.55,工作面a为300 mm,C_1为200 mm,C_2为100 mm,请计算出该管道砂石基础工程量。

解 平基下底宽:(800+60×2+300×2)/1 000=1.52(m);

平基上(底座)底宽:(800+60×2+300×2+0.55×200×2)/1 000=1.74(m);

底座上底宽:(800+60×2+300×2+0.55×200×2+0.55×100×2)/1 000=1.85(m);

平基:断面面积$S=(1.74+1.52)\times0.2/2=0.326(m^2)$;

体积$V=S\times L=0.326\times900=293.4(m^3)$;

管座:断面面积$S=(1.85+1.74)\times0.1/2+1/2\times2\times0.46\times\sin45°\times0.46\times\cos45°-90/360\pi\times0.46\times0.46=0.119(m^2)$;

体积 $V=S\times L=0.119\times 900=107.1(m^3)$；

总体积：$293.4+107.1=400.5(m^3)$。

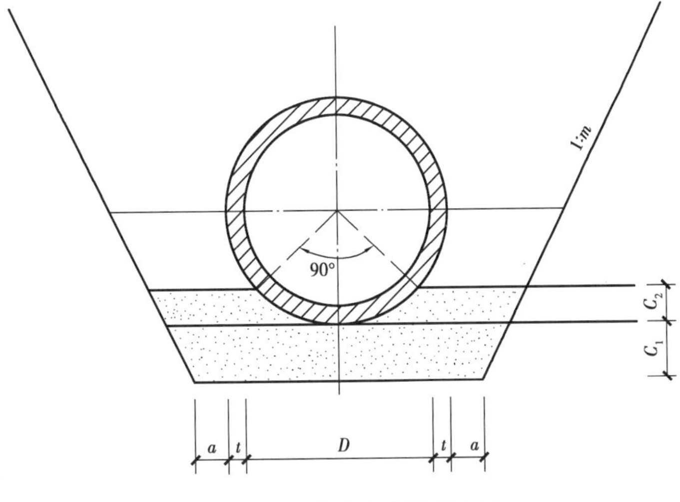

图 4.19 混凝土基础断面图

［例 4.4］ 某市政雨水工程，起点 K2+300，终点 K2+400。纵断面如图 4.20 所示。主管为 D800 Ⅱ级钢筋混凝土管，120°混凝土基础（图集 06MS201—1），检查井为矩形井，钢丝抹带接口，试编制排水管道的工程量清单及定额。

自然地面标高/m	58.052	58.158	57.913	58.359
设计标高/m	60.954	60.759	60.563	60.35
管底标高/m	55.48	55.68	55.70	55.81
检查井编号	Y1	Y2	Y3	Y4
检查井编号	K2+300	K2+340	K2+380	K2+400

图 4.20 纵断面图

解 混凝土基础来源于图集，说明是定型管道，定型管道的管道基础铺设工程量，在广西定额中是按 m 计算的，注意不是按 m^3 计算。

（1）根据题目内容列项并套定额，详见表 4.7。

表 4.7　综合单价分析表

（适用于单价合同）

序号	项目编码	项目名称及 项目特征描述	单位	工程量	综合单价/元	综合单价/元						
						人工费	材料费	机械费	管理费	利润	增值税	其中：暂估价
1	040501001001	*D*800 Ⅱ级混凝土管平口管 1. 垫层、基础材质及厚度：120°C15 混凝土基础 2. 规格：D800 3. 接口方式：钢丝网水泥砂浆抹带接口 4. 管道检验及试验要求：闭水试验 5. 混凝土强度等级：Ⅱ级 6. 铺设深度：6 m 内 见图集 06MS201—1	m	100.00	519.96	81.09	345.00	11.24	26.77	12.93	42.93	
	C5-0003	平接（企口）式钢筋混凝土管道基础（120°）管径（mm 以内）800｛换：碎石 GD40 商品普通混凝土　C15｝	100 m	0.970 0	17 788.69	3 394.20	11 306.93	111.37	1 016.62	490.78	1 468.79	
	C5-0062 换	平接（企口）式混凝土管道铺设 人机配合下管管径（mm 以内）800	100 m	1.000 0	29 247.61	2 002.80	22 518.96	1 013.78	874.81	422.32	2 414.94	
	C5-0161	钢丝网水泥砂浆接口（120°管基）管径（mm 以内）800	10 个口	4.75	917.49	500.70	125.26	0.33	145.30	70.14	75.76	
	C5-0242	管道闭水试验 管径（mm 以内）800	100 m	1.000 0	1 135.07	435.10	418.62	0.37	126.29	60.97	93.72	

注：一般计税法的增值税为增值税销项税（各项费用的价格不包含增值税进项税额）；
　　简易计税法的增值税为应纳增值税（各项费用的价格包含增值税进项税额）。

(2)计算定额工程量,详见表4.8。

表4.8　分部分项工程量计算表

编号	工程量计算式	单位	标准工程量	定额工程量
C5-0003	平接(企口)式钢筋混凝土管道基础(120°)管径(mm以内)800{换:碎石 GD40　商品普通混凝土　C15}	100 m	97.00	0.970 0
	100-3×1.0		97.00	
C5-0062 换	平接(企口)式混凝土管道铺设 人机配合下管 管径(mm以内)800	100 m	100.000 0	1.000 0
C5-0161	钢丝网水泥砂浆接口(120°管基)管径(mm以内)800	10个口	47.5	4.75
	97/2-1		47.5	
C5-0242	管道闭水试验 管径(mm以内)800	100 m	100.00	1.000 0
	2 400-2 300		100.00	

［例4.5］　某街道排水工程,其中雨水口连接管全长400 m,采用D300Ⅱ级钢筋混凝土平口圆管,基础采用C15混凝土全包基础,接口采用水泥砂浆抹带接口,如图4.21所示,试编制排水管道的工程量清单及定额。

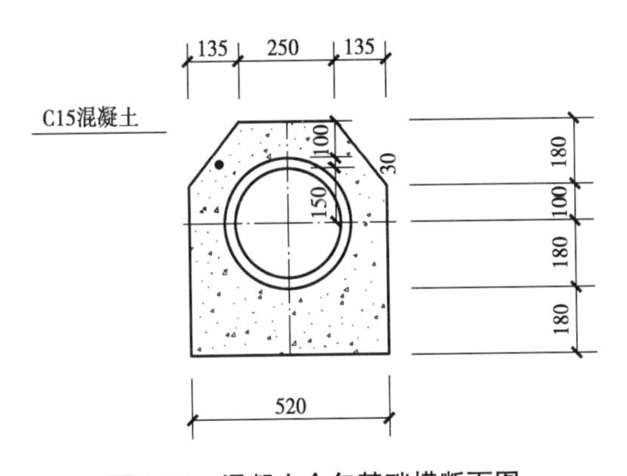

图4.21　混凝土全包基础横断面图

解　混凝土全包基础不是来源于图集,查看表4.4,可知,300全包混凝土管道基础的截面为540 mm×540 mm,说明该管道不是定型管道,广西定额中非定型管道基础工程量是按m^3计算的,注意不是按m计算。

(1)根据题目内容列项并套定额,详见表4.9。

表 4.9　综合单价分析表

（适用于单价合同）

序号	项目编码	项目名称及项目特征描述	单位	工程量	综合单价/元	综合单价/元						
						人工费	材料费	机械费	管理费	利润	增值税	其中：暂估价
1	040501001001	D300 Ⅱ级混凝土管平口圆管 1. 垫层、基础材质及厚度：C15 混凝土全包基础 2. 规格：D300 3. 接口方式：水泥砂浆抹带接口 4. 管道检验及试验要求：闭水试验 5. 混凝土强度等级：Ⅱ级 6. 铺设深度：1 m	m	400.00	274.34	74.69	136.80	5.65	23.30	11.25	22.65	
	C5-0057 换	平接（企口）式混凝土管道铺设 人机配合下管管径（mm 以内）300	100 m	4.000 0	8 929.44	778.60	6 565.00	359.27	329.98	159.30	737.29	
	C5-1031 换	渠（管）道基础 混凝土基础 混凝土｛换：碎石 GD40　商品普通混凝土　C15｝	10 m^3	8.271	3 465.67	424.50	2 565.76	4.69	124.47	60.09	286.16	
	C5-2485	现浇混凝土模板 渠涵基础（底板）复合木模	10 m^2	55.200	714.43	368.00	108.94	14.17	110.83	53.50	58.99	
	C5-0175	钢丝网水泥砂浆接口（180°管基）管径（mm 以内）300	10 个口	19.9	213.50	110.40	37.87	0.09	32.04	15.47	17.63	
	C5-0240	管道闭水试验 管径（mm 以内）400	100 m	4.000 0	417.15	185.00	118.02	0.10	53.68	25.91	34.44	

注：一般计税法的增值税为增值税销项税（各项费用的价格不包含增值税进项税额）；
简易计税法的增值税为应纳增值税（各项费用的价格包含增值税进项税额）。

(2)计算定额工程量,详见表4.10。

表4.10　分部分项工程量计算表

编号	工程量计算式	单位	标准工程量	定额工程量
C5-0057换	平接(企口)式混凝土管道铺设 人机配合下管 管径(mm以内) 300	100 m	400.00	4.000 0
	400		400.00	
C5-1031换	渠(管)道基础 混凝土基础 混凝土{换:碎石GD40　商品普通混凝土　C15}	10 m^3	82.71	8.271
	((0.25+0.52)/2×0.18+0.52×0.46−3.14×0.18×0.18)×400		82.71	
C5-2485	现浇混凝土模板 渠涵基础(底板) 复合木模	10 m^2	552.00	55.200
//	sqrt(0.135×0.135+0.18×0.18)		0.23	
	(0.18+0.18+0.1+0.23)×2×400		552.00	
C5-0175	钢丝网水泥砂浆接口(180°管基) 管径(mm以内) 300	10个口	199	19.9
	400/2−1		199	
C5-0240	管道闭水试验 管径(mm以内) 400	100 m	400.00	4.000 0
	400		400.00	

[例4.6]　综合案例

排水工程设计说明

一、项目概况

1)道路设计概述

本项目位于××市城北新区,道路起点接桂林路交叉口,终点接郁林路交叉口,路线长度428.033 m,路幅宽度为24 m,双向2车道。道路等级为城市支路,设计速度30 km/h。

路线北起郁林路交叉口边缘,起点桩号为K0+035.973,往南与规划路相交,终点接桂林路交叉口边缘,终点桩号为K0+464.006。设计桩号范围K0+035.973—K0+464.006,设计长度428.033 m。道路规划红线为24 m,双向2车道,横断面为单幅路布置,人行道(4 m)+车行道(8 m)+车行道(8 m)+人行道(4 m)= 24 m。

2)沿线排水现状及设计规划情况

本项目沿线主要为农田、在建工地,沿线尚未建设有市政排水管道系统,与本项目相接的桂林路、郁林路正在进行设计,均未建设。本项目规划路以南雨水管道排入桂林路设计d 1 200 雨水管道，管内底标高 44.897 m，污水管道排入桂林路设计d 800 污水管道，管内底标高 44.849 m；本项目规划路以北雨水管道排入郁林路设计d 1 000 雨水管道，管内底标高 46.30 m，本项目污水管道承接郁林路设计d 600 污水管道，管内底标高 45.24 m。

3)现状水系

本项目终点附近为规划北潭河，与本项目设计道路无相交。

4)设计范围概述

本排水工程设计包括雨水工程和污水工程设计(根据实训安排，本次只计算雨水工程)。

5)工程地质概述

参考附近项目，区域主要为筑填土、次生红黏土②(Q4al+pl)、粉质黏土③(Q4al+pl)层。

二、采用的规范、标准和标准设计

1)采用的规范、标准

①《工程建设标准强制性条文》(城乡规划部分)、(城市建设部分)。

②《市政公用工程设计文件编制深度规定》(2013 年版)。

③《室外排水设计标准》(GB 50014—2021)。

④《城市工程管线综合规划规范》(GB 50289—2016)。

⑤《给水排水管道工程施工及验收规范》(GB 50268—2008)。

⑥《给水排水构筑物工程施工及验收规范》(GB 50141—2008)。

⑦《建筑抗震设计规范(附条文说明)(2016 年版)》(GB 50011—2010)。

⑧《室外给水排水和燃气热力工程抗震设计规范》(GB 50032—2003)。

⑨《××市城北新区控制性详细规划》(2012 年 11 月)。

⑩《××市迎宾大道建设工程岩土工程详细勘察报告》(××岩土工程有限公司)。

⑪业主提供及现场调查等资料。

2)主要设计技术标准

①本工程排水工程构筑物和管道结构设计荷载等级按城—A 设计；检查井井盖设计荷载等级按城—A 设计。

②结构安全等级：二级；主要排水构筑物使用年限：50 年。

③地震烈度：根据《中国地震动参数区划图》(GB 18306—2015)附录 C 和附录 G，项目所在地抗震设防烈度为 6 度，基本地震加速度为 0.05 g。

3)排水工程规划

(1)雨水工程规划

本项目雨水工程根据《××市城北新区控制性详细规划》，排水体制采用雨、污分流制。

雨水管道设计标准及参数：

雨水流量的计算采用××市最新暴雨强度公式(2015 年版)，三年单一重现期暴雨强度公式：

设计流量 $Q=\psi \cdot q \cdot F$ (L/s)

$$q=\frac{2\ 836.829}{(t+7.291)^{0.680}}(\text{L/s}\cdot\text{ha})$$

其中：$t=t_1+t_2$　（min）

上述公式选用参数：$p=3a$，地面集水时期 $t_1=10$ min；综合径流系数 $\psi=0.7$。

根据《××市城北新区控制性详细规划》雨水工程规划，本项目雨水管道分段排入郁林路雨水管道、桂林路雨水管道。

（2）污水工程规划

本项目污水工程根据《××市城北新区控制性详细规划》进行设计。根据《××市城北新区控制性详细规划》并参照本项目起点处的已设计布山路污水标准、终点处已设计的桂林路污水标准，本设计污水量标准按 $q=85\ m^3/(ha \cdot d)$。

污水流量计算公式：设计流量 $Q=Kz \times q \times F$（L/s）

Kz：总变化系数，按照《室外排水设计标准》（GB 50014—2021）表 4.11 的规定取值。

F：服务面积，ha，根据规划管网确定。

表 4.11　综合生活污水量变化系数 Kz

平均日流量/($L \cdot s^{-1}$)	5	15	40	70	100	200	500	≥1 000
总变化系数	2.3	2	1.8	1.7	1.6	1.5	1.4	1.3

（3）污水系统规划

本项目污水管道承接上游规划污水管道后排入桂林路污水管道，最终排至污水处理厂。

4）排水工程设计

（1）水力计算公式

流量公式：$Q=A \cdot V$

式中　Q——设计流量，L/s；

V——设计流速，m/s；

A——水流有效断面面积，m^2。

流速公式：采用曼宁公式

$$V=\frac{1}{n} \cdot R^{\frac{2}{3}} \cdot I^{\frac{1}{2}}$$

式中　n——粗糙系数（混凝土管，满流态取 $n=0.013$，非满流态取 $n=0.014$）；

R——水力半径，m；

I——水力坡度。

本次设计雨水管道按满流计算，污水管道按非满流计算；非金属管道的最小流速 0.6 m/s，最大流速 5 m/s。

（2）设计原则

①排水体制采用雨、污分流制。

②本工程规划排水管道按照就近分散、顺坡排放的原则进行流域划分和系统布置。在保证满足管顶最小安全覆土厚度及道路两侧街坊排水用户自流接入的前提下，尽量减少管道埋深，以节省工程投资及便于管道维护管理。

③排水管渠及附属构筑物设计荷载按城—A 级设计。

④排水的设计过水断面按规划考虑了接入道路两侧沿线街坊的水量及相关规划路的集中传输流量。为了便于街坊、规划路雨污水管的接入，在规划路口处及道路沿线按每隔 80 ~ 120 m 的距离预留适量的雨污水管支线，其管径和高程的确定以规划管网图中的服务面积、集水距离计算确定，同时考虑了各种管线的交叉错开。

5）雨水工程设计

①水力计算。采用雨水工程规划规定的设计标准及参数，按照重力流满流计算。

②管道系统设计。本项目设计雨水管道，主要根据《××市城北新区控制性详细规划》，规划路以北雨水管道排入郁林路雨水管道，规划路以南雨水管道排入桂林路雨水管道。

6）污水工程设计

①水力计算。采用污水工程规划规定的设计标准及参数，按重力流非满流计算。

②管道系统设计。本项目污水管道承接上游郁林路污水管道，收集地块污水后排入桂林路污水管道，最终排至污水处理厂。本项目下游污水管道建设前，污水管道暂进行临时封堵，待下游污水管道建设后再接入污水。

7）竖向标高的确定

根据上下游管道标高、道路竖向标高并结合水系的防洪水位确定雨污水管底标高，在满足排水要求和避免与其他市政管线交叉的前提下，尽量减少排水管的埋深。

8）路幅断面管线位置布置

本项目道路红线宽度 24 m，雨水、污水管道均单侧布置于非机动车道下，各管线布置详见管线位置布置图。

9）雨水口和排水检查井的平面设置

结合道路设计纵坡，依据排水设计规范沿线在道路两侧以及设计相交口处最低点和渠化路口等设置雨水口。在管渠方向转折处、坡度改变处、断面改变处均设排水检查井。为方便养护管理在管渠直线段按规范要求设置排水检查井。

三、管材、检查井、管道基础选型、接口形式

近年来，排水管材一般有钢筋混凝土管、硬聚氯乙烯（UPVC）、钢带增强聚乙烯（PE）螺旋波纹管和聚乙烯塑钢缠绕排水管等。综合比较，排水塑料管优点为管道耐腐蚀、抗磨损、使用寿命长、密封性能、抗渗漏性能、易于安装等；但是排水管径较大时，会存在制造较复杂、货源较少、价格较贵等缺点。结合当地排水管制造能力和施工经验，本着节约投资、使用安全的原则，本工程雨水管道采用钢筋混凝土管。

①根据《中国地震动参数区划图》（GB 18306—2015），本地区的地震动峰值加速度系数为 0.05 g，地震动反应谱特征周期为 0.35 s，地震基本烈度为 6 度设防区域。本工程雨水管道≥d600，均采用钢筋混凝土平口管，排水管管顶覆土厚度 0.7 m<H≤7.5 m 采用Ⅱ级钢筋混凝土平口管，管道接口采用钢丝网水泥砂浆抹带接口，管道基础采用 180°混凝土基础，沿线每隔一定距离（20 ~ 30 m）设柔性接口，并设基础沉降缝。柔性接口做法参照标准图集 06MS201-1 第 35-37 页。污水管道采用钢筋混凝土管，管径小于或等于 d1200 时，管道管顶覆土厚度 0.7 m≤H≤4.5 m 采用Ⅱ级钢筋混凝土承插口管，管顶覆土厚度 4.5 m<H≤7 m

采用Ⅲ级钢筋混凝土承插口管,橡胶圈柔性接口,管道基础采用180°砂石基础。

②为了施工方便,四联雨水口连接管采用 *d* 300(*d* 400) Ⅱ级钢筋混凝土平口管,基础采用混凝土全包基础,坡度采用0.02(除因现场特殊情况外,但不得小于0.01)。雨水口采用四联进水井(水箅型号 750×450×40,其泄水能力与国家标准图集铸铁箅子相当),雨水口间距根据本工程道路平面的设计情况及雨水口泄水能力计算确定。经复核,本设计雨水口可满足设计暴雨强度下的径流排水要求。为提高排水安全,在道路低点及路口容易积水处加密雨水口布置。

对于局部受电缆管沟等障碍,*d*300 雨水口连接管无法穿过的地方,将雨水口连接管调整为平行设置2根 *D*219.1×7.1 焊接钢管进行排水,同时根据现场实际调整进水井井室高度以满足排水需要。

③检查井选型的一般原则:排水检查井均采用钢筋混凝土排水检查井。

④本次设计检查井井盖及进水井疏框均采用防盗式重型球墨铸铁材质,设计荷载均为城-A 级。排水检查井防盗式重型球墨铸铁井盖井座的承载能力应达到《检查井盖》(GB/T 23858—2009)中 *D*400 标准(试验荷载≥400 kN)及《铸铁检查井盖》(CJ/T 511—2017)相关要求,同时为防止行人跌落检查井,对检查井口内安装高强度聚乙烯防坠网及井盖缺失警示装置;进水井采用防盗式重型球墨铸铁箅子及箅座。

⑤为防止路基不均匀沉降,检查井、进水井井背回填:井周边的 50 cm 范围内回填 C15 低标号混凝土,回填深度为管顶至路基基层顶;采用先路基回填后再开挖施工检查井(集水井)的工序,井室建成后每次回填低标号混凝土深度不能超过 1 m。

四、施工方法及基础处理

本工程主要采用开槽施工,管沟槽要求落在地基承载力特征值f_{ak}≥150 kPa 的原土或换土压实的路基上。在开挖管沟槽施工过程中,如挖至设计标高时为淤泥、耕表土,必须按照有关设计和规范进行软基处理后再做管基;如为膨胀土,须按工程地质勘查报告要求,换填后再做管基。开槽管道施工完毕后,管顶以上 0.5 m 范围内的沟槽回填砂砾石或中、粗砂,其余采用合格的道路填料按路基压实度要求回填并分层夯实。

预留在道路红线外侧的排水检查井不得裸露在外,为保证检查井结构安全、避免风化剥蚀,位于回填土区的检查井在其周围 5 m 范围内须有填土覆盖。雨水排出口需延伸至道路边坡坡脚线外,排至现状水系。

当管道在原地以上或原地面基本无覆土时,须按路基要求换填至设计管顶以上 0.5 m 后,才反开挖沟槽并敷设管道。

本项目排水管道主要落在红黏土层,红黏土具有膨胀性,作为管道持力层需进行换填 50 cm 砂砾石处理。

解 该工程工程量清单综合单价分析表详见表 4.12。

表 4.12　综合单价分析表

（适用于单价合同）

工程名称：迎宾大道排水工程

序号	项目编码	项目名称及 项目特征描述	单位	工程量	综合单价 /元	综合单价/元						
						人工费	材料费	机械费	管理费	利润	增值税	其中： 暂估价
		分部分项工程										
	0401	土石方工程										
1	040101002001	挖沟槽土方（装车） 土壤类别：详地质资料 挖土深度：详见设计图纸	m^3	8 413.92	4.01	0.40		2.67	0.43	0.18	0.33	
	C1-0025	挖掘机挖沟槽、基坑土方斗容量 1.25 m^3装车 三类土	1 000 m^3	8.413 92	4 013.59	400.00		2 668.49	429.59	184.11	331.40	
2	040101002002	挖沟槽土方（不装车） 土壤类别：详地质资料 挖土深度：详见设计图纸	m^3	6 747.40	3.71	0.40		2.43	0.40	0.17	0.31	
	C1-0022	挖掘机挖沟槽、基坑土方斗容量 1.25 m^3不装车 三类土	1 000 m^3	6.747 40	3 696.67	400.00		2 426.20	395.67	169.57	305.23	
3	040103001001	利用方回填 压实度按施工图设计要求 填方材料品种：合格土源 含：回填，压实 填方来源、运距：场外借土回填	m^3	6 747.40	5.70	0.50	0.08	3.79	0.60	0.26	0.47	

	C1-0121	沟槽(台、井背)振动压路机回填土	100 m³	67.474 0	570.21	50.40	7.58	379.22	60.15	25.78	47.08	
4	040103001002	沟槽回填砂砾石 密实度要求:满足设计和规范要求,夯填 部位:管顶 50 cm 处	m³	4 011.80	142.50	0.50	126.27	3.22	0.52	0.22	11.77	
	C1-0120	沟槽(台、井背)振动压路机回填 砂砾石	100 m³	40.118 0	14 250.37	50.40	12 626.55	322.25	52.17	22.36	1 176.64	
5	040103001003	管基换填砂砾石 密实度要求:满足设计和规范要求,夯填	m³	1 612.23	136.22	0.66	118.62	4.04	1.13	0.52	11.25	
	C1-0306	机械换填 天然砂砾石	10 m³	161.223	1 362.11	6.60	1 186.18	40.41	11.28	5.17	112.47	
6	040103001004	井背回填 C15 混凝土	m³	636.10	218.29	10.68	185.01	0.63	2.71	1.24	18.02	
	C1-0313 换	回填无砂大孔混凝土{换:无砂大孔商品混凝土 碎石 GD40 C10}	10 m³	63.610	2 182.99	106.80	1850.06	6.30	27.14	12.44	180.25	
7	040103002001	余方弃置 废弃料品种:表土、耕土、素填土等不良地质土 采用加盖自卸汽车 运距:10 km	m³	8 413.92	31.13		12.00	13.80	1.93	0.83	2.57	
	C1-0145 换	自卸汽车运土方(运距 1 km 内)20 t[实际 10]	1 000 m³	8.413 92	18 051.53			13 800.87	1 932.12	828.05	1 490.49	
	B-	余方弃置	m³	8 413.92	13.08		12.00				1.08	

续表

序号	项目编码	项目名称及 项目特征描述	单位	工程量	综合单价 /元	综合单价/元						
						人工费	材料费	机械费	管理费	利润	增值税	其中： 暂估价
	0405	雨水工程										
8	040501001001	Ⅱ级钢筋混凝土平口雨水管 *D*600 材质、规格：Ⅱ级钢筋混凝土雨水管 *D*600 管道基础采用 180°混凝土基础 钢丝网水泥砂浆抹带接口 含管道闭水试验	m	112.00	313.55	67.81	178.58	8.47	22.12	10.68	25.89	
	C5-0017 换	平接(企口)式钢筋混凝土管道基础(180°) 管径(mm 以内) 600{换:碎石 GD40 商品普通混凝土 C15}	100 m	1.042 0	14 662.63	4 054.20	7 446.63	145.33	1 217.86	587.93	1 210.68	
	C5-0060 换	平接(企口)式混凝土管道铺设 人机配合下管管径(mm 以内) 600	100 m	1.0420	15 642.99	1 502.80	11 110.00	763.89	657.34	317.34	1 291.62	
	C5-0178	钢丝网水泥砂浆接口(180°管基) 管径(mm 以内) 600	10 个口	5.11	527.66	286.20	74.56	0.19	83.05	40.09	43.57	
	C5-0241	管道闭水试验 管径(mm 以内) 600	100 m	1.120 0	752.97	305.50	253.63	0.21	88.66	42.80	62.17	

9	040501001002	Ⅱ级钢筋混凝土平口雨水管 D800 材质、规格：Ⅱ级钢筋混凝土平口雨水管 D800 管道基础采用180°混凝土基础 钢丝网水泥砂浆抹带接口 含管道闭水试验	m	413.00	518.85	100.88	314.87	11.80	32.68	15.78	42.84	
	C5-0019 换	平接（企口）式钢筋混凝土管道基础（180°）管径（mm以内）800｛换:碎石 GD40 商品普通混凝土 C15｝	100 m	4.020 0	23 271.33	5 821.20	12 743.59	197.16	1 745.32	842.57	1 921.49	
	C5-0062 换	平接（企口）式混凝土管道铺设 人机配合下管管径（mm以内）800	100 m	4.020 0	25 068.59	2 002.80	18 685.00	1 013.78	874.81	422.32	2 069.88	
	C5-0180	钢丝网水泥砂浆接口（180°管基）管径（mm以内）800	10 个口	20	763.64	420.80	98.49	0.25	122.10	58.95	63.05	
	C5-0242	管道闭水试验 管径（mm以内）800	100 m	4.130 0	1 135.07	435.10	418.62	0.37	126.29	60.97	93.72	
10	040501001003	Ⅱ级钢筋混凝土平口雨水管 D300 材质、规格：Ⅱ级钢筋混凝土平口雨水管 D300 管道基础采用混凝土全包基础 钢丝网水泥砂浆抹带接口 含管道闭水试验	m	164.00	217.61	56.67	111.15	5.21	17.95	8.66	17.97	

续表

序号	项目编码	项目名称及 项目特征描述	单位	工程量	综合单价 /元	综合单价/元						
						人工费	材料费	机械费	管理费	利润	增值税	其中： 暂估价
	C5-0051 换	平接（企口）式全包混凝土管道基础 管径（mm 以内）300｛换：碎石 GD40　商品普通混凝土　C15｝	100 m	1.640 0	12 901.47	4 157.90	5 659.31	161.61	1 252.66	604.73	1 065.26	
	C5-0057 换	平接（企口）式混凝土管道铺设 人机配合下管管径（mm 以内）300	100 m	1.640 0	7 388.18	778.60	5 151.00	359.27	329.98	159.30	610.03	
	C5-0175	钢丝网水泥砂浆接口（180°管基）管径（mm 以内）300	10 个口	8.1	213.50	110.40	37.87	0.09	32.04	15.47	17.63	
	C5-0240	管道闭水试验 管径（mm 以内）400	100 m	1.640 0	417.15	185.00	118.02	0.10	53.68	25.91	34.44	
11	040504009001	四联进水井 具体做法详施工图 箅子采用球墨铸铁 预制 C30 钢筋混凝土过梁、井圈、井座（台帽） 垫层、基础材质及厚度：100 mm 厚砂砾石垫层 混凝土强度等级：C20 混凝土基础，C30 预制混凝土路缘石 M10 水泥砂浆砌 Mu15 非黏土烧结砖 1∶2水泥砂浆抹面厚 20 含模板安装、拆除 含构件运输	座	25	3 681.52	1 160.26	1 703.90	10.12	339.41	163.85	303.98	

	C5-0967	非定型井垫层 砂砾石	10 m^3	0.946	2 601.76	803.60	1 213.84	16.75	237.90	114.85	214.82	
	C5-0968 换	非定型井垫层 混凝土{换:碎石 GD40 商品普通混凝土 C20}	10 m^3	1.893	3 462.49	362.20	2 651.66	4.89	106.46	51.39	285.89	
	C5-2481	现浇混凝土模板 混凝土基础垫层 复合木模	10 m^2	4.680	637.63	325.00	98.23	15.39	98.71	47.65	52.65	
	C5-0970	非定型井砌筑 砖砌 矩形	10 m^3	5.183	6 957.37	1 931.70	3 612.47	5.67	561.84	271.23	574.46	
	C5-0975	非定型井抹灰 砖墙 20 mm 井内侧	100 m^2	1.909 0	5 802.09	3 057.30	943.38	5.38	888.18	428.78	479.07	
	C5-1057 换	渠道过梁及其他盖板预制 预制混凝土过梁 1.0 m^3 以内{换:碎石 GD40 商品普通混凝土 C30}	10 m^3	0.088	3 952.69	529.50	2 865.77	2.35	154.24	74.46	326.37	
	C5-1069	过梁安装 预制混凝土过梁 1.0 m^3 以内	10 m^3	0.088	3 768.32	1 717.00	531.74	328.75	593.27	286.41	311.15	
	C5-2504	预制混凝土模板 小型构件 复合木模	10 m^2	1.935	901.42	525.00	55.72	14.35	156.41	75.51	74.43	
	C5-1000 换	非定型井井盖(箅)制作 井盖(箅)制作 井圈{换:碎石 GD40 商品普通混凝土 C30}	10 m^3	0.292	4 159.88	650.50	2 882.82	2.35	189.33	91.40	343.48	
	C5-2502	预制混凝土模板 井圈 复合木模	10 m^2	5.220	672.81	385.00	56.56	7.10	113.71	54.89	55.55	
	C5-1002 换	进水石制作 小型构件{换:碎石 GD40 商品普通混凝土 C30}	10 m^3	0.342	4 332.83	759.70	2 885.34	2.35	220.99	106.69	357.76	

续表

序号	项目编码	项目名称及 项目特征描述	单位	工程量	综合单价/元	综合单价/元						
						人工费	材料费	机械费	管理费	利润	增值税	其中：暂估价
	C5-1009	进水石安装 小型构件	10 m^3	0.342	757.15	474.00	16.81		137.46	66.36	62.52	
	C5-2504	预制混凝土模板 小型构件 复合木模	10 m^2	1.444	901.42	525.00	55.72	14.35	156.41	75.51	74.43	
	C5-1007 换	非定型井井盖(箅)安装 井盖、井箅安装 雨水井 铸铁立箅	10 套	10.0	2 270.90	559.80	1 282.88		162.34	78.37	187.51	
12	040504002001	ϕ1250 圆形混凝土雨水检查井(*DN*600) 含:现浇 10 cm 厚 C15 混凝土垫层 现浇 C30 混凝土底板、井墙,抗渗等级 S6 现浇 C30 混凝土井室盖板、井筒 座浆、抹三角灰均用 1:2 防水水泥砂浆 C30 碎石混凝土井圈 ϕ700 重型球墨铸铁井盖井座,边缘厚度为 3 cm 塑钢爬梯、防坠网、无盖检查井应急安全警示装置制作及安装 模板制作、安装及拆除等	座	8	5 686.80	2 282.17	1 902.16	36.09	672.29	324.54	469.55	

	C5-0968 换	非定型井垫层 混凝土{换:碎石 GD40 商品普通混凝土 C15}	10 m^3	0.181	3 343.76	362.20	2 542.73	4.89	106.46	51.39	276.09	
	C5-2481	现浇混凝土模板 混凝土基础垫层 复合木模	10 m^2	0.427	637.63	325.00	98.23	15.39	98.71	47.65	52.65	
	C5-1031 换	渠(管)道基础 混凝土基础混凝土{换:碎石 GD40 商品普通混凝土 C30}	10 m^3	0.354	3 800.32	424.50	2 872.78	4.69	124.47	60.09	313.79	
	C5-2485	现浇混凝土模板 渠涵基础(底板)复合木模	10 m^2	0.884	714.43	368.00	108.94	14.17	110.83	53.50	58.99	
	C6-0053 换	现浇混凝土池壁(隔墙)圆、弧形(厚度)20 cm 以内{换:碎石 GD40 商品普通混凝土 C30}	10 m^3	0.559	3 876.41	526.20	2 797.17	4.69	153.96	74.32	320.07	
	C6-0053 换	现浇混凝土池壁(井室)圆、弧形(厚度)20 cm 以内{换:碎石 GD40 商品普通混凝土 C30}	10 m^3	0.269	3 876.41	526.20	2 797.17	4.69	153.96	74.32	320.07	
	C5-2491	现浇混凝土模板 圆形井室木模	10 m^2	15.563	1 917.36	956.00	372.63	13.53	281.16	135.73	158.31	
	C5-0970	非定型井砌筑 砖砌 矩形	10 m^3	0.184	6 957.37	1 931.70	3 612.47	5.67	561.84	271.23	574.46	
	C5-0977 换	非定型井抹灰 砖墙 20 mm 流槽	100 m^2	0.178 8	5 373.61	2 569.20	1 248.27	5.38	746.63	360.44	443.69	

续表

序号	项目编码	项目名称及项目特征描述	单位	工程量	综合单价/元	综合单价/元						
						人工费	材料费	机械费	管理费	利润	增值税	其中：暂估价
	C5-0986 换	非定型井盖板制作 盖板(板厚 cm 以内)20｛换:碎石 GD40 商品普通混凝土 C30｝	10 m^3	0.104	3 981.87	527.00	2 892.64	4.78	154.22	74.45	328.78	
	C5-0991	非定型井盖板安装 井室盖板(每块体积)0.3 m^3 以内	10 m^3	0.104	3 352.44	1 509.40	364.70	386.35	549.77	265.41	276.81	
	C5-2501	预制混凝土模板 井盖板 复合木模	10 m^2	0.621	617.77	355.00	55.77	2.33	103.63	50.03	51.01	
	C5-1000 换	非定型井井盖(箅)制作 井盖(箅)制作 井圈｛换:碎石 GD40 商品普通混凝土 C30｝	10 m^3	0.117	4 159.88	650.50	2 882.82	2.35	189.33	91.40	343.48	
	C5-2502	预制混凝土模板 井圈 复合木模	10 m^2	1.152	672.81	385.00	56.56	7.10	113.71	54.89	55.55	
	C5-1009	非定型井井盖(箅)安装 井盖、井箅安装 小型构件	10 m^3	0.117	757.15	474.00	16.81		137.46	66.36	62.52	
	C5-1003 换	非定型井井盖(箅)安装 井盖、井箅安装 检查井 复合井 盖、座｛换:碎石 GD40 商品普通混凝土 C30｝	10 套	0.8	4 833.81	551.70	3 645.76		159.99	77.24	399.12	
	B-	塑钢爬梯	个	56	9.20		8.44				0.76	

	B-	防坠网	张	8	18.48		16.95				1.53	
	B-	检查井应急安全警示装置	个	8	40.33		37.00				3.33	
13	040504002002	矩形混凝土雨水检查井 *DN*800 含:现浇 10 cm 厚 C15 混凝土垫层 现浇 C30 混凝土底板、井墙,抗渗等级 S6 现浇 C30 混凝土井室盖板、井筒 座浆、抹三角灰均用 1:2防水水泥砂浆 M7.5 预拌水泥砂浆砌 MU10 砖流槽,1:2防水水泥砂浆抹面,厚 2 cm C30 碎石混凝土井圈 ϕ700 重型球墨铸铁井盖井座,边缘厚度为 3 cm 塑钢爬梯、防坠网、无盖检查井应急安全警示装置制作及安装 模板制作、安装及拆除等	座	11	10 710.64	3 688.40	4 417.90	93.69	1 096.78	529.49	884.38	
	C5-0968 换	非定型井垫层 混凝土{换:碎石 GD40 商品普通混凝土 C15}	10 m^3	1.220	3 343.76	362.20	2 542.73	4.89	106.46	51.39	276.09	
	C5-2481	现浇混凝土模板 混凝土基础垫层 复合木模	10 m^2	1.465	637.63	325.00	98.23	15.39	98.71	47.65	52.65	

续表

序号	项目编码	项目名称及项目特征描述	单位	工程量	综合单价/元	综合单价/元						
						人工费	材料费	机械费	管理费	利润	增值税	其中：暂估价
	C5-1031 换	渠(管)道基础 混凝土基础 混凝土{换:碎石 GD40 商品普通混凝土 C30}	10 m^3	4.590	3 800.32	424.50	2 872.78	4.69	124.47	60.09	313.79	
	C5-2485	现浇混凝土模板 渠涵基础(底板)复合木模	10 m^2	5.685	714.43	368.00	108.94	14.17	110.83	53.50	58.99	
	C6-0052 换	现浇混凝土池壁(隔墙)直、矩形(厚度)30 cm 以外{换:碎石 GD40 商品普通混凝土 C30}	10 m^3	2.533	3 820.61	491.10	2 796.17	4.69	143.78	69.41	315.46	
	C6-0053 换	现浇混凝土池壁(隔墙)圆、弧形(厚度)20 cm 以内{换:碎石 GD40 商品普通混凝土 C30}	10 m^3	0.187	3 876.41	526.20	2 797.17	4.69	153.96	74.32	320.07	
	C5-2490	现浇混凝土模板 矩形井室木模	10 m^2	64.441	964.50	435.00	245.34	12.22	129.69	62.61	79.64	
	C5-2491	现浇混凝土模板 圆形井室木模	10 m^2	2.487	1 917.36	956.00	372.63	13.53	281.16	135.73	158.31	
	C5-0970	非定型井砌筑 砖砌 矩形	10 m^3	0.253	6 957.37	1 931.70	3 612.47	5.67	561.84	271.23	574.46	
	C5-0977 换	非定型井抹灰 砖墙 20 mm 流槽	100 m^2	0.245 8	5 373.61	2 569.20	1 248.27	5.38	746.63	360.44	443.69	

	C5-0986 换	非定型井盖板制作 盖板(板厚 cm 以内) 20｛换:碎石 GD40 商品普通混凝土 C30｝	10 m^3	0.123	3 981.87	527.00	2 892.64	4.78	154.22	74.45	328.78	
	C5-0991	非定型井盖板安装 井室盖板(每块体积) 0.3 m^3 以内	10 m^3	0.123	3 352.44	1 509.40	364.70	386.35	549.77	265.41	276.81	
	C5-2501	预制混凝土模板 井盖板 复合木模	10 m^2	4.352	617.77	355.00	55.77	2.33	103.63	50.03	51.01	
	C5-1000 换	非定型井井盖(箅)制作 井盖(箅)制作 井圈｛换:碎石 GD40 商品普通混凝土 C30｝	10 m^3	0.015	4 159.88	650.50	2 882.82	2.35	189.33	91.40	343.48	
	C5-2502	预制混凝土模板 井圈 复合木模	10 m^2	0.705	672.81	385.00	56.56	7.10	113.71	54.89	55.55	
	C5-1009	非定型井井盖(箅)安装 井盖、井箅安装 小型构件	10 m^3	0.123	757.15	474.00	16.81		137.46	66.36	62.52	
	C5-1003 换	非定型井井盖(箅)安装 井盖、井箅安装 检查井 复合井 盖、座｛换:碎石 GD40 商品普通混凝土 C30｝	10 套	1.1	4 833.81	551.70	3 645.76		159.99	77.24	399.12	
	B-	塑钢爬梯	个	77	9.20		8.44				0.76	
	B-	防坠网	张	11	18.48		16.95				1.53	
	B-	检查井应急安全警示装置	个	11	40.33		37.00				3.33	

续表

序号	项目编码	项目名称及 项目特征描述	单位	工程量	综合单价/元	综合单价/元						
						人工费	材料费	机械费	管理费	利润	增值税	其中：暂估价
14	040504002003	矩形混凝土雨水检查井 *DN*1200 含:现浇 10 cm 厚 C15 混凝土垫层 现浇 C30 混凝土底板、井墙,抗渗等级 S6 现浇 C30 混凝土井室盖板、井筒 座浆、抹三角灰均用 1:2防水水泥砂浆 M7.5 预拌水泥砂浆砌 MU10 砖流槽,1:2防水水泥砂浆抹面,厚 2 cm C30 碎石混凝土井圈 ϕ700 重型球墨铸铁井盖井座,边缘厚度为 3 cm 塑钢爬梯、防坠网、无盖检查井应急安全警示装置制作及安装 模板制作、安装及拆除等	座	1	14 304.64	4 431.18	6 627.39	111.55	1 317.39	635.99	1 181.14	
	C5-0968 换	非定型井垫层 混凝土{换:碎石 GD40　商品普通混凝土　C15}	10 m^3	0.203	3 343.76	362.20	2 542.73	4.89	106.46	51.39	276.09	

	C5-2481	现浇混凝土模板 混凝土基础垫层 复合木模	10 m^2	0.180	637.63	325.00	98.23	15.39	98.71	47.65	52.65	
	C5-1031 换	渠(管)道基础 混凝土基础混凝土{换:碎石 GD40 商品普通混凝土 C30}	10 m^3	0.778	3 800.32	424.50	2 872.78	4.69	124.47	60.09	313.79	
	C5-2485	现浇混凝土模板 渠涵基础(底板)复合木模	10 m^2	0.706	714.43	368.00	108.94	14.17	110.83	53.50	58.99	
	C6-0052 换	现浇混凝土池壁(隔墙)直、矩形(厚度)30 cm 以外{换:碎石 GD40 商品普通混凝土 C30}	10 m^3	0.510	3 820.61	491.10	2 796.17	4.69	143.78	69.41	315.46	
	C6-0053 换	现浇混凝土池壁(隔墙)圆、弧形(厚度)20 cm 以内{换:碎石 GD40 商品普通混凝土 C30}	10 m^3	0.013	3 876.41	526.20	2 797.17	4.69	153.96	74.32	320.07	
	C5-2490	现浇混凝土模板 矩形井室木模	10 m^2	6.089	964.50	435.00	245.34	12.22	129.69	62.61	79.64	
	C5-2491	现浇混凝土模板 圆形井室木模	10 m^2	0.214	1 917.36	956.00	372.63	13.53	281.16	135.73	158.31	
	C5-0970	非定型井砌筑 砖砌 矩形	10 m^3	0.023	6 957.37	1 931.70	3 612.47	5.67	561.84	271.23	574.46	
	C5-0977 换	非定型井抹灰 砖墙 20 mm 流槽	100 m^2	0.022 3	5 373.61	2 569.20	1 248.27	5.38	746.63	360.44	443.69	
	C5-0986 换	非定型井盖板制作 盖板(板厚 cm 以内)20{换:碎石 GD40 商品普通混凝土 C30}	10 m^3	0.029	3 981.87	527.00	2 892.64	4.78	154.22	74.45	328.78	

续表

序号	项目编码	项目名称及项目特征描述	单位	工程量	综合单价/元	综合单价/元						
						人工费	材料费	机械费	管理费	利润	增值税	其中：暂估价
	C5-0991	非定型井盖板安装 井室盖板(每块体积)0.3 m^3 以内	10 m^3	0.029	3 352.44	1 509.40	364.70	386.35	549.77	265.41	276.81	
	C5-2501	预制混凝土模板 井盖板 复合木模	10 m^2	1.005	617.77	355.00	55.77	2.33	103.63	50.03	51.01	
	C5-1000 换	非定型井井盖(箅)制作 井盖(箅)制作 井圈{换:碎石 GD40 商品普通混凝土 C30}	10 m^3	0.001	4 159.88	650.50	2 882.82	2.35	189.33	91.40	343.48	
	C5-2502	预制混凝土模板 井圈 复合木模	10 m^2	0.064	672.81	385.00	56.56	7.10	113.71	54.89	55.55	
	C5-1009	非定型井井盖(箅)安装 井盖、井箅安装 小型构件	10 m^3	0.001	757.15	474.00	16.81		137.46	66.36	62.52	
	C5-1003 换	非定型井井盖(箅)安装 井盖、井箅安装 检查井 复合井盖、座{换:碎石 GD40 商品普通混凝土 C30}	10 套	0.1	4 833.81	551.70	3 645.76		159.99	77.24	399.12	
	B-	塑钢爬梯	个	7	9.20		8.44				0.76	
	B-	防坠网	张	1	18.48		16.95				1.53	
	B-	检查井应急安全警示装置	个	1	40.33		37.00				3.33	
	0405	污水工程		56								

15	040501001004	Ⅱ级钢筋混凝土承插污水管 $D400$ 材质、规格：Ⅱ级钢筋混凝土承插污水管 $D400$ 橡胶圈承插连接，180°砂石基础 管道闭水试验	m	56.00	254.90	41.12	166.58	5.92	13.64	6.59	21.05	
	C5-1037 换	柔性接口混凝土管砂基础	10 m^3	2.414	1 872.43	567.00	860.90	32.25	173.78	83.90	154.60	
	C5-0104 换	承插式（胶圈接口）混凝土管铺设 人机配合下管管径（mm 以内）400	100 m	0.526 0	18 100.59	1 579.10	13 658.49	482.13	597.76	288.57	1 494.54	
	C5-0240	管道闭水试验 管径（mm 以内）400	100 m	0.560 0	417.15	185.00	118.02	0.10	53.68	25.91	34.44	
16	040501001005	Ⅱ级钢筋混凝土承插污水管 $D800$ 材质、规格：Ⅱ级钢筋混凝土承插污水管 $D800$ 橡胶圈承插连接，180°砂石基础 管道闭水试验	m	227.00	564.15	93.09	364.29	14.10	31.08	15.01	46.58	
	C5-1037 换	柔性接口混凝土管砂基础	10 m^3	22.240	1 872.43	567.00	860.90	32.25	173.78	83.90	154.60	
	C5-0107 换	承插式（胶圈接口）混凝土管铺设 人机配合下管管径（mm 以内）800	100 m	2.210 0	37 937.81	3 409.00	28 324.37	1 123.14	1 314.32	634.50	3 132.48	
	C5-0242	管道闭水试验 管径（mm 以内）800	100 m	2.2700	1 135.07	435.10	418.62	0.37	126.29	60.97	93.72	

续表

序号	项目编码	项目名称及 项目特征描述	单位	工程量	综合单价/元	综合单价/元						
						人工费	材料费	机械费	管理费	利润	增值税	其中：暂估价
17	040501001006	Ⅲ级钢筋混凝土承插污水管 $D400$ 材质、规格：Ⅲ级钢筋混凝土承插污水管 $D400$ 橡胶圈承插连接，180°砂石基础 管道闭水试验	m	84.00	254.90	41.12	166.58	5.92	13.64	6.59	21.05	
	C5-1037 换	柔性接口混凝土管砂基础	10 m^3	3.621	1 872.43	567.00	860.90	32.25	173.78	83.90	154.60	
	C5-0104 换	承插式（胶圈接口）混凝土管铺设 人机配合下管管径（mm 以内）400	100 m	0.789 0	18 100.59	1 579.10	13 658.49	482.13	597.76	288.57	1 494.54	
	C5-0240	管道闭水试验 管径（mm 以内）400	100 m	0.840 0	417.15	185.00	118.02	0.10	53.68	25.91	34.44	
18	040501001007	Ⅲ级钢筋混凝土承插污水管 $D800$ 材质、规格：Ⅲ级钢筋混凝土承插污水管 $D800$ 橡胶圈承插连接，180°砂石基础 管道闭水试验	m	200.00	576.41	96.69	370.08	14.32	32.19	15.54	47.59	
	C5-1037 换	柔性接口混凝土管砂基础	10 m^3	20.847	1 872.43	567.00	860.90	32.25	173.78	83.90	154.60	

	C5-0107 换	承插式（胶圈接口）混凝土管铺设 人机配合下管管径（mm 以内）800	100 m	1.950 0	37 937.81	3 409.00	28 324.37	1 123.14	1 314.32	634.50	3 132.48	
	C5-0242	管道闭水试验 管径（mm 以内）800	100 m	2.000 0	1 135.07	435.10	418.62	0.37	126.29	60.97	93.72	
19	040504002004	ϕ1 000 圆形混凝土污水检查井（*DN*400） 含：现浇 10 cm 厚 C15 混凝土垫层 现浇 C30 混凝土底板、井墙，抗渗等级 S6 现浇 C30 混凝土井室盖板、井筒 座浆、抹三角灰均用 1:2防水水泥砂浆 M7.5 预拌水泥砂浆砌 MU10 砖流槽，1:2防水水泥砂浆抹面，厚 2 cm C30 碎石混凝土井圈 ϕ700 重型球墨铸铁井盖井座，边缘厚度为 3 cm 塑钢爬梯、防坠网、无盖检查井应急安全警示装置制作及安装 模板制作、安装及拆除等	座	10	6 075.24	2 471.27	1 984.29	38.76	727.90	351.40	501.62	

续表

序号	项目编码	项目名称及项目特征描述	单位	工程量	综合单价/元	综合单价/元						
						人工费	材料费	机械费	管理费	利润	增值税	其中：暂估价
	C5-0968 换	非定型井垫层 混凝土{换:碎石 GD40 商品普通混凝土 C15}	10 m^3	0.227	3 343.76	362.20	2 542.73	4.89	106.46	51.39	276.09	
	C5-2481	现浇混凝土模板 混凝土基础垫层 复合木模	10 m^2	0.534	637.63	325.00	98.23	15.39	98.71	47.65	52.65	
	C5-1031 换	渠(管)道基础 混凝土基础混凝土{换:碎石 GD40 商品普通混凝土 C30}	10 m^3	0.442	3 800.32	424.50	2 872.78	4.69	124.47	60.09	313.79	
	C5-2485	现浇混凝土模板 渠涵基础(底板)复合木模	10 m^2	1.105	714.43	368.00	108.94	14.17	110.83	53.50	58.99	
	C6-0053 换	现浇混凝土池壁(隔墙)圆、弧形(厚度)20 cm 以内{换:碎石 GD40 商品普通混凝土 C30}	10 m^3	0.698	3 876.41	526.20	2 797.17	4.69	153.96	74.32	320.07	
	C6-0053 换	现浇混凝土池壁(井室)圆、弧形(厚度)20 cm 以内{换:碎石 GD40 商品普通混凝土 C30}	10 m^3	0.337	3 876.41	526.20	2 797.17	4.69	153.96	74.32	320.07	
	C5-2491	现浇混凝土模板 圆形井室木模	10 m^2	19.171	1 917.36	956.00	372.63	13.53	281.16	135.73	158.31	
	C5-2491	现浇混凝土模板 井筒 木模	10 m^2	2.261	1 917.36	956.00	372.63	13.53	281.16	135.73	158.31	

	C5-0970	非定型井砌筑 砖砌 矩形	10 m^3	0.230	6 957.37	1 931.70	3 612.47	5.67	561.84	271.23	574.46	
	C5-0977 换	非定型井抹灰 砖墙 20 mm 流槽	100 m^2	0.223 5	5 373.61	2 569.20	1 248.27	5.38	746.63	360.44	443.69	
	C5-0986 换	非定型井盖板制作 盖板(板厚 cm 以内) 20{换:碎石 GD40 商品普通混凝土 C30}	10 m^3	0.130	3 981.87	527.00	2 892.64	4.78	154.22	74.45	328.78	
	C5-0991	非定型井盖板安装 井室盖板(每块体积) 0.3 m^3 以内	10 m^3	0.130	3 352.44	1 509.40	364.70	386.35	549.77	265.41	276.81	
	C5-2501	预制混凝土模板 井盖板 复合木模	10 m^2	0.776	617.77	355.00	55.77	2.33	103.63	50.03	51.01	
	C5-1000 换	非定型井井盖(箅)制作 井盖(箅)制作 井圈{换:碎石 GD40 商品普通混凝土 C30}	10 m^3	0.146	4 159.88	650.50	2 882.82	2.35	189.33	91.40	343.48	
	C5-2502	预制混凝土模板 井圈 复合木模	10 m^2	1.440	672.81	385.00	56.56	7.10	113.71	54.89	55.55	
	C5-1009	非定型井井盖(箅)安装 井盖、井箅安装 小型构件	10 m^3	0.146	757.15	474.00	16.81		137.46	66.36	62.52	
	C5-1003 换	非定型井井盖(箅)安装 井盖、井箅安装 检查井 复合井 盖、座{换:碎石 GD40 商品普通混凝土 C30}	10 套	1.0	4 833.81	551.70	3 645.76		159.99	77.24	399.12	
	B-	塑钢爬梯	个	80	9.20		8.44				0.76	
	B-	防坠网	张	10	18.48		16.95				1.53	

续表

序号	项目编码	项目名称及 项目特征描述	单位	工程量	综合单价 /元	综合单价/元						
						人工费	材料费	机械费	管理费	利润	增值税	其中： 暂估价
	B-	检查井应急安全警示装置	个	10	40.33		37.00				3.33	
20	040504002005	矩形混凝土污水检查井 *DN*800 含:现浇 10 cm 厚 C15 混凝土垫层 现浇 C30 混凝土底板、井墙,抗渗等级 S6 现浇 C30 混凝土井室盖板、井筒 座浆、抹三角灰均用 1:2防水水泥砂浆 M7.5 预拌水泥砂浆砌 MU10 砖流槽,1:2防水水泥砂浆抹面,厚 2 cm C30 碎石混凝土井圈 ϕ700 重型球墨铸铁井盖井座,边缘厚度为 3 cm 塑钢爬梯、防坠网、无盖检查井应急安全警示装置制作及安装 模板制作、安装及拆除等	座	11	10 710.64	3 688.40	4 417.90	93.69	1 096.78	529.49	884.38	

	C5-0968 换	非定型井垫层 混凝土{换:碎石 GD40 商品普通混凝土 C15}	10 m^3	1.220	3 343.76	362.20	2 542.73	4.89	106.46	51.39	276.09	
	C5-2481	现浇混凝土模板 混凝土基础垫层 复合木模	10 m^2	1.465	637.63	325.00	98.23	15.39	98.71	47.65	52.65	
	C5-1031 换	渠(管)道基础 混凝土基础混凝土{换:碎石 GD40 商品普通混凝土 C30}	10 m^3	4.590	3 800.32	424.50	2 872.78	4.69	124.47	60.09	313.79	
	C5-2485	现浇混凝土模板 渠涵基础(底板)复合木模	10 m^2	5.685	714.43	368.00	108.94	14.17	110.83	53.50	58.99	
	C6-0052 换	现浇混凝土池壁(隔墙)直、矩形(厚度)30 cm 以外{换:碎石 GD40 商品普通混凝土 C30}	10 m^3	2.533	3 820.61	491.10	2 796.17	4.69	143.78	69.41	315.46	
	C6-0053 换	现浇混凝土池壁(隔墙)圆、弧形(厚度)20 cm 以内{换:碎石 GD40 商品普通混凝土 C30}	10 m^3	0.187	3 876.41	526.20	2 797.17	4.69	153.96	74.32	320.07	
	C5-2490	现浇混凝土模板 矩形井室木模	10 m^2	64.441	964.50	435.00	245.34	12.22	129.69	62.61	79.64	
	C5-2491	现浇混凝土模板 圆形井室木模	10 m^2	2.487	1 917.36	956.00	372.63	13.53	281.16	135.73	158.31	
	C5-0970	非定型井砌筑 砖砌 矩形	10 m^3	0.253	6 957.37	1 931.70	3 612.47	5.67	561.84	271.23	574.46	
	C5-0977 换	非定型井抹灰 砖墙 20 mm 流槽	100 m^2	0.245 8	5 373.61	2 569.20	1 248.27	5.38	746.63	360.44	443.69	

续表

序号	项目编码	项目名称及 项目特征描述	单位	工程量	综合单价/元	综合单价/元						
						人工费	材料费	机械费	管理费	利润	增值税	其中：暂估价
	C5-0986 换	非定型井盖板制作 盖板(板厚 cm 以内) 20｛换:碎石 GD40 商品普通混凝土 C30｝	10 m^3	0.123	3 981.87	527.00	2 892.64	4.78	154.22	74.45	328.78	
	C5-0991	非定型井盖板安装 井室盖板(每块体积) 0.3 m^3 以内	10 m^3	0.123	3 352.44	1 509.40	364.70	386.35	549.77	265.41	276.81	
	C5-2501	预制混凝土模板 井盖板 复合木模	10 m^2	4.352	617.77	355.00	55.77	2.33	103.63	50.03	51.01	
	C5-1000 换	非定型井井盖(箅)制作 井盖(箅)制作 井圈｛换:碎石 GD40 商品普通混凝土 C30｝	10 m^3	0.015	4 159.88	650.50	2 882.82	2.35	189.33	91.40	343.48	
	C5-2502	预制混凝土模板 井圈 复合木模	10 m^2	0.705	672.81	385.00	56.56	7.10	113.71	54.89	55.55	
	C5-1009	非定型井井盖(箅)安装 井盖、井箅安装 小型构件	10 m^3	0.123	757.15	474.00	16.81		137.46	66.36	62.52	
	C5-1003 换	非定型井井盖(箅)安装 井盖、井箅安装 检查井 复合井 盖、座｛换:碎石 GD40 商品普通混凝土 C30｝	10 套	1.1	4 833.81	551.70	3 645.76		159.99	77.24	399.12	
	B-	塑钢爬梯	个	77	9.20		8.44				0.76	

	B-	防坠网	张	11	18.48		16.95				1.53	
	B-	检查井应急安全警示装置	个	11	40.33		37.00				3.33	
21	040901001001	钢筋制作、安装 Φ10 以内 圆钢 HPB300 Φ10 以内	t	0.505	5 950.68	950.00	4 057.52	30.28	284.28	137.25	491.35	
	C3-0358	钢筋制作、安装 Φ10 以内	t	0.505	5 950.65	950.00	4 057.52	30.27	284.28	137.24	491.34	
22	040901001002	钢筋制作、安装 Φ10 以上 圆钢 HPB300 Φ10 以上	t	0.115	5 712.87	820.00	3 990.00	54.87	253.74	122.52	471.74	
	C3-0359	钢筋制作、安装 Φ10 以上	t	0.115	5712.79	820.00	3 990.01	54.88	253.72	122.48	471.70	
23	040901002001	钢筋制作、安装 ⌀10 以上 螺纹钢筋 HRB400 ⌀10 以上	t	21.731	6 062.06	820.00	4 310.44	54.88	253.72	122.48	500.54	
	C3-0359 换	钢筋制作、安装 Φ10 以上	t	21.731	6 062.06	820.00	4 310.44	54.88	253.72	122.48	500.54	
		单价措施项目										
	041102	支架										
24	041101005001	井字架	座	66	300.99	171.90	30.32		49.85	24.07	24.85	
	C5-2506	井字架木制井深(m 以内) 4	座	66	300.99	171.90	30.32		49.85	24.07	24.85	

注：一般计税法的增值税为增值税销项税(各项费用的价格不包含增值税进项税额)；
简易计税法的增值税为应纳增值税(各项费用的价格包含增值税进项税额)。

4.6 实训任务

1. 某混凝土排水管全长 20 m,其中共有 ϕ1 000 检查井 5 座,则该混凝土排水管定额工程量为(　　)。

A. 15.5 m　　B. 16.5 m　　C. 12 m　　D. 20 m

2. 管网工程中,各类井均不包括脚手架,当井深超过(　　)时,应按本定额有关项目计取脚手架搭拆费。

A. 1.0 m　　B. 1.2 m　　C. 1.3 m　　D. 1.5 m

3. 井类定额中只计列了井内抹灰的子目,如井外壁需要抹灰,均按井内侧抹灰项目人工乘以系数(　　),其他不变。

A. 1.2　　B. 0.8　　C. 1.3　　D. 1.5 m

4. 图 4.22 为某雨水管网工程中的一部分管段,设计检查井为 ϕ1 000 及 ϕ1 250 的定型检查井,检查井信息详见表 4.13,试求该雨水管段和检查井的清单和定额工程量(保留 2 位小数)。

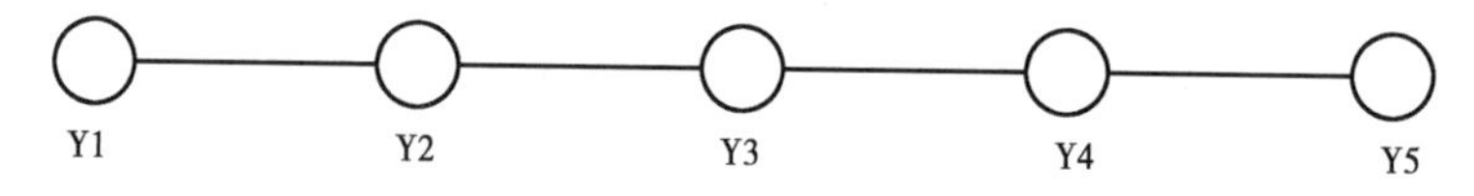

图 4.22　某雨水管网工程图

表 4.13　检查井信息

检查井编号	Y1	Y2	Y3	Y4	Y5
井径	ϕ1 000	ϕ1 250	ϕ1 250	ϕ1 250	ϕ1 000
桩号	K0+200	K0+235	K0+265	K0+295	K0+330

5. 某工程钢筋混凝土排水管道 900 m,采用 135°混凝土条形基础如图 4.23 所示,管内径为 D800,壁厚 t 为 60 mm,工作面 a 为 300 mm,C1 为 100 mm,C2 为 200 mm,请计算出该管道混凝土基础工程量。

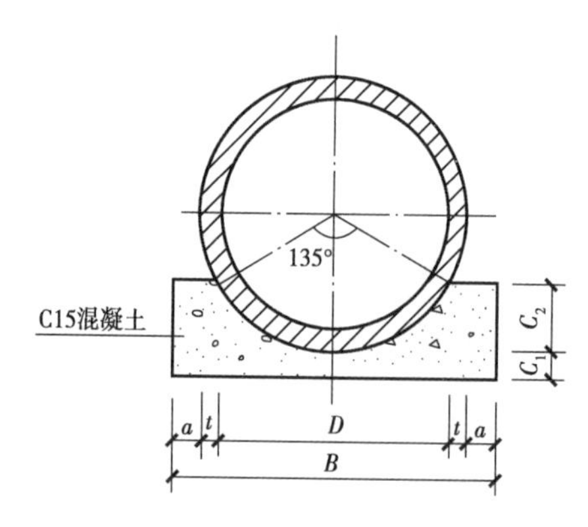

图 4.23　混凝土基础断面图

5 桥梁工程实训

5.1 相关知识

5.1.1 桥梁工程概述

1)桥梁结构基本组成

桥梁,一般指架设在江河湖海上,使车辆行人等能顺利通行的构筑物。为适应现代高速发展的交通行业,桥梁亦可指为跨越山涧、不良地质或满足其他交通需要而架设的使通行更加便捷的建筑物。桥梁一般由上部构造、下部结构和附属结构组成(图5.1)。

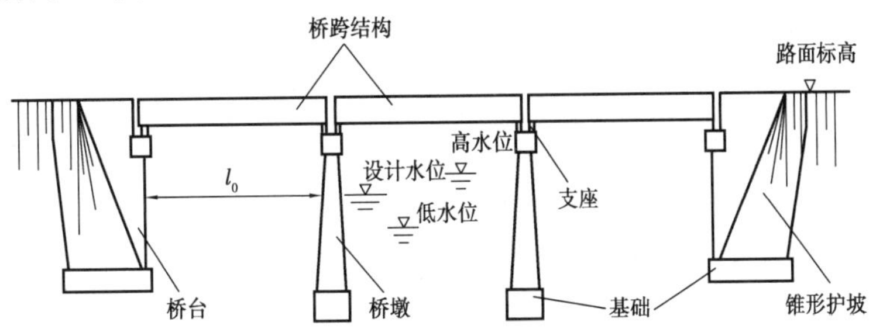

图5.1 桥梁的基本组成

(1)桥梁上部结构

上部结构又称桥跨结构,是跨越障碍的主要结构,由主要承重结构、桥面系和支座组成。主要承重结构是在线路中断时跨越障碍的主要承重结构。桥面系包括桥面铺装和桥面板组成。桥面铺装用以防止车轮直接磨耗桥面板和分布轮重,桥面板用来承受局部荷载。支座是指一座桥梁中在桥跨结构与桥墩或桥台的支承处所设置的传力装置。它不仅要传递很大的荷载,并且要保证桥跨结构能产生一定的变位。

(2)桥梁下部结构

下部结构包括桥台、桥墩和基础(图5.2)。桥墩和桥台是支承桥跨结构并将恒载和车辆等活载传至地基的构筑物。通常设置在桥两端的称为桥台,除了上述作用外,它还与路堤相衔接,以抵御路堤土压力,防止路堤填土的滑坡和坍落。单孔桥没有中间桥墩。

基础是指桥墩和桥台中使全部荷载传至地基的底部奠基部分,它是确保桥梁能安全使用的关键,由于基础往往深埋于土层之中,并且需在水下施工,故也是桥梁建筑中比较困难的一个部分。

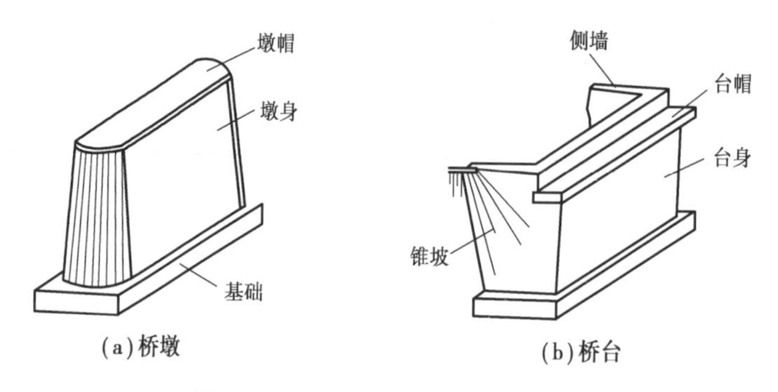

图5.2　桥梁下部结构的桥墩与桥台

(3)附属结构

桥梁的基本附属结构主要包括防撞墙、桥头搭板、锥形护坡,此外根据需要还要修筑护岸、导流结构物等附属工程。在路堤与桥台衔接处,在桥台两侧设置石砌的锥形护坡,以保证迎水部分路堤边坡的稳定(图5.3、图5.4)。

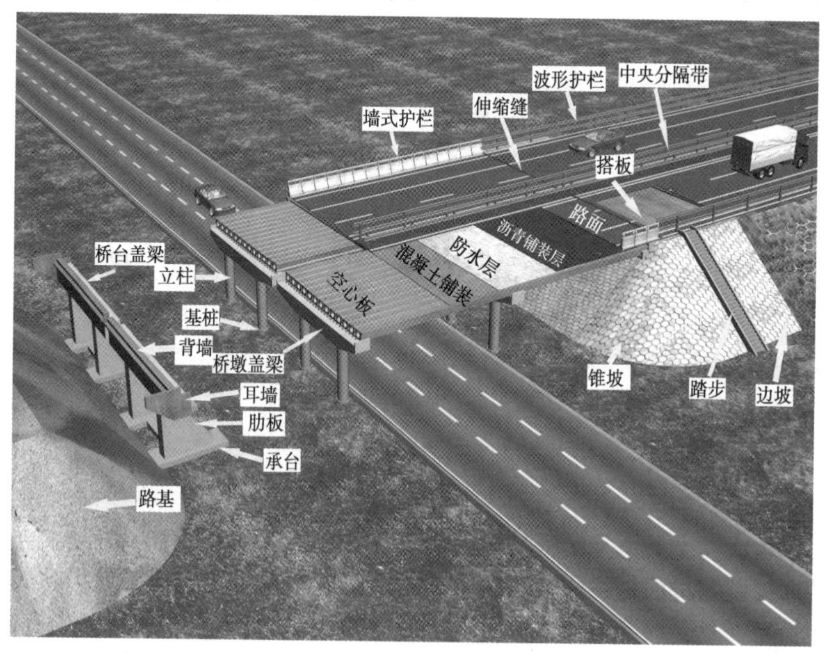

图5.3　桥梁各部位名称

在桥梁建筑工程中,河流中的水位是变动的。在枯水季节的最低水位称为低水位;洪峰季节河流中的最高水位称为高水位。桥梁设计中按规定的设计洪水频率计算的高水位，称为设计洪水位。

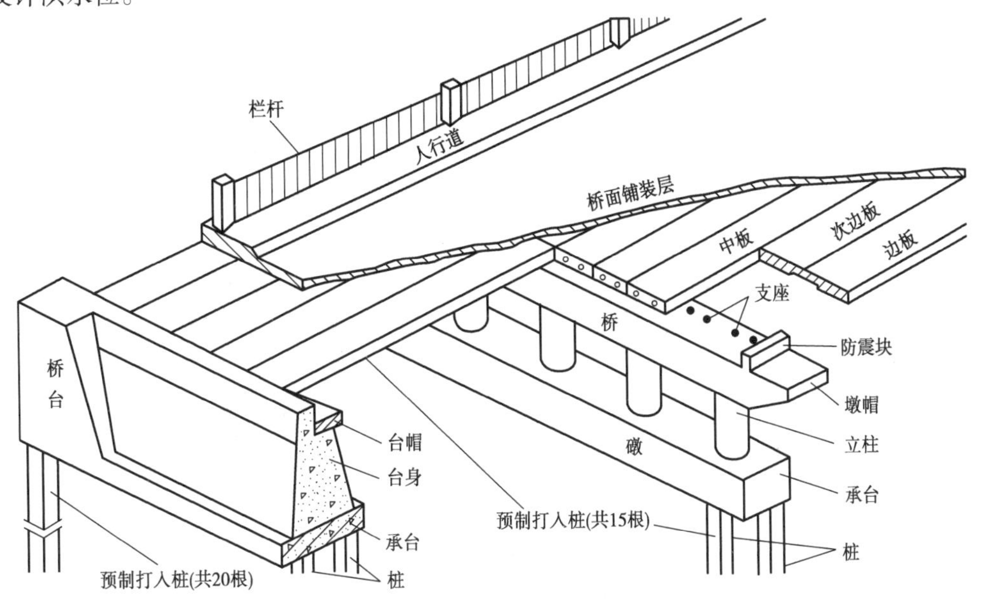

图 5.4　桥梁各组成部分示意图

2）桥梁工程的分类

桥梁是多种多样的，可按桥梁的受力特点、用途、材料等方式进行分类。

（1）按受力特点分类

结构工程上的受力构件，都离不开拉、压、弯 3 种基本受力方式，由基本构件组成的各种结构物，在力学上也可归结为梁式、拱式、悬吊式 3 种基本体系及其之间的各种组合。

①梁式桥。梁式桥是一种在竖向荷载作用下无水平反力的结构。

②拱式桥。拱式桥的主要承重结构是拱圈或拱肋，这种结构在竖向荷载作用下，桥墩或桥台将承受水平推力。同时这种水平推力将显著抵消荷载所引起的在拱圈内的弯矩作用，使拱桥的承重结构以受压为主，通常就用抗压能力强的圬工材料（砖、石、混凝土）和钢筋混凝土等来建造。

③刚架桥。刚架桥的主要承重结构是梁或板和立柱或竖墙整体结合在一起的刚架结构，梁和柱的连接处具有很大的刚性，在竖向荷载作用下，梁部主要受弯，而在柱脚处也具有水平反力，其受力状态介于梁桥与拱桥之间。优点是跨内弯矩较小，建筑高度就可以做的较小；缺点是施工比较困难，如用普通钢筋混凝土修建，梁柱刚结处较易产生裂缝。

④吊桥。传统的吊桥（也称悬索桥）均用悬挂在两边塔架上的强大缆索作为主要承重结构，在竖向荷载作用下，通过吊杆使缆索承受很大的拉力，通常就需要在两岸桥台的后方修筑巨大的锚碇结构，吊桥也是具有水平反力（拉力）的结构，其自重较轻，能以较小的建筑高度跨越其他任何桥型无法比拟的特大跨度。

⑤组合体系桥：

a. 拱组合体系，利用梁的受弯与拱的承压特点组合而成。

b.斜拉桥，由斜索、塔柱和主梁所组成，用高强钢材制成的斜索将主梁多点吊起，并将主梁的恒载和车辆荷载传至塔柱，再通过塔柱基础传至地基。这样，跨度较大的主梁就像一根多点弹性支承（吊起）的连续梁一样工作，从而可使主梁尺寸大大减小，结构自重显著减轻，既节省了结构材料，又大幅度地增大桥梁的跨越能力。

（2）其他分类方式

①按用途分类：公路桥、铁路桥、公铁两用桥、农桥、人行桥、运水桥（渡槽）及其他专用桥梁（如通过管路、电缆等）。

②按桥梁全长和跨径的不同分类：特大桥、大桥、中桥、小桥、涵洞。

③按主要承重结构所用的材料分类：圬工桥、钢筋混凝土桥、预应力混凝土桥、钢桥和木桥等。

④按跨越障碍的性质分类：跨河桥、跨线桥（立体交叉）、高架桥和栈桥。

⑤按上部结构的行车道位置分类：上承式桥（桥面结构布置在主要承重结构之上者）、下承式桥、中承式桥。

⑥按桥梁的平面形状分类：直桥、斜桥、弯桥。

⑦按预计使用时间分类：永久性桥、临时性桥。

5.1.2 桥梁工程识图

1）桥位平面图

桥位平面图是通过地形测量绘出桥位处的道路、河流、水准点、钻孔及附近的地形和地物，以便作为桥梁设计、施工定位的依据。其作用是表示桥梁与路线所连接的平面位置，以及桥梁所处的地形、地物等情况，其图示方法与路线平面图相同，只是所用的比例较大。如图5.5所示为某桥的桥位平面图。

2）桥位地质断面图

桥位地质断面图是根据水文调查和地质钻探所得的资料，绘制的河床地质断面图，用以表示桥梁所在位置的地质水文情况，包括河床断面线、地质分界线，特殊水位线（最高水位、常水位和最低水位），如图5.6所示。

3）桥梁的总体布置图

桥梁总体布置图是指导桥梁施工的主要图样，主要表明桥梁的型式、跨径、孔数、总体尺寸、桥面宽度、桥梁各部分的标高、各主要构件的相互位置关系及总的技术说明等，作为施工时确定墩台位置、安装构件和控制标高的依据。一般由平面图、立面图和侧面图组成。

（1）平面图

平面图图样一般采用半平面图和半墩台桩柱平面图。半墩台桩柱平面图部分，可根据所需图示的内容不同，而进行正投影得到图样，当图示桥台及帽梁平面构造时，为不含主梁

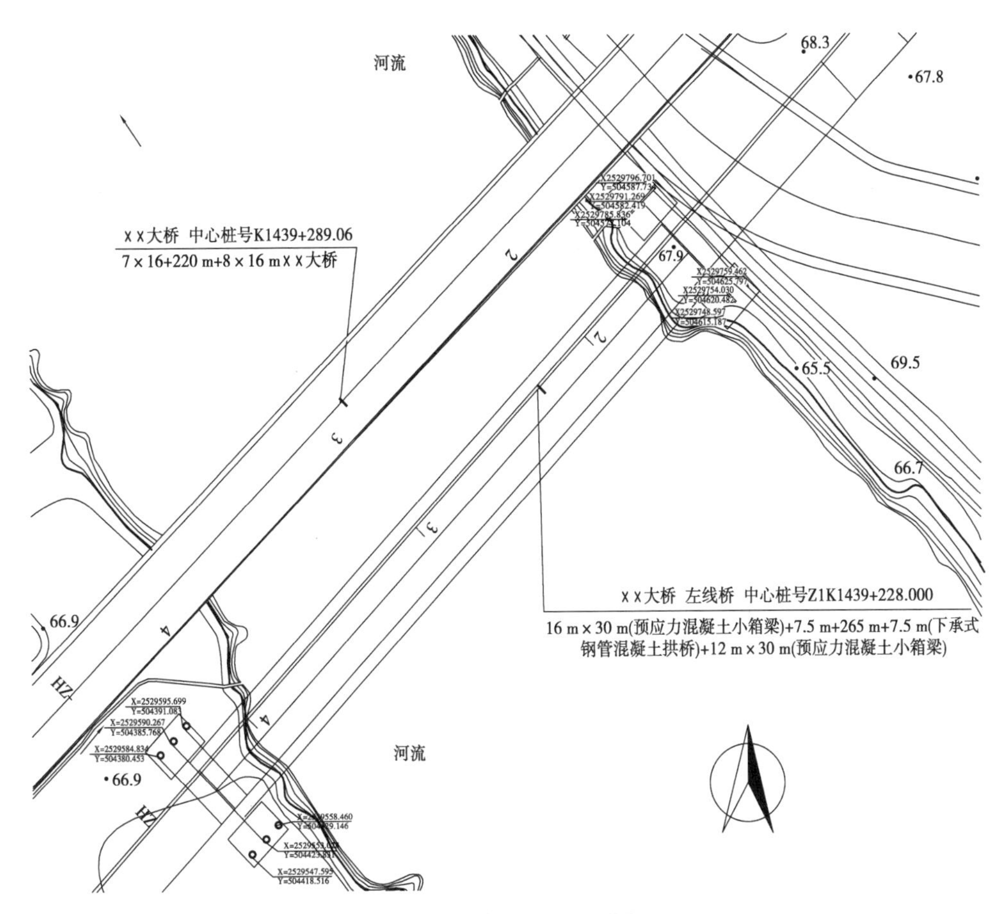

图 5.5　某桥桥位平面图

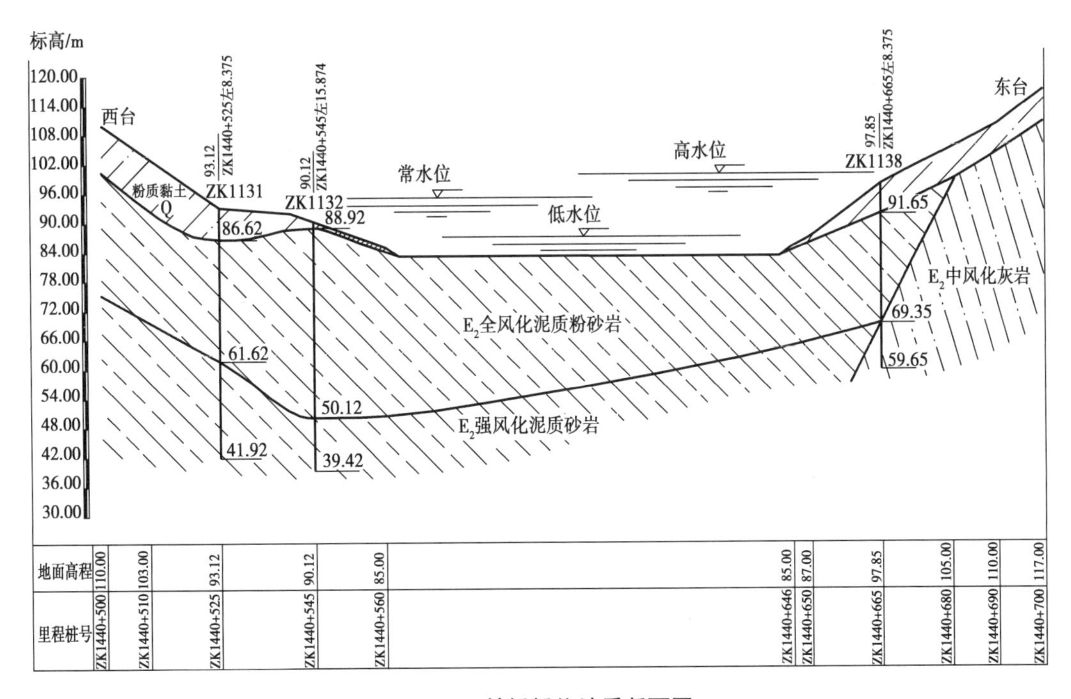

图 5.6　某桥桥位地质断面图

时的投影图样；当图示桥墩的承台平面时，为承台以上帽梁以下位置作剖切平面，然后向下正投影所得到的图样；当图示桩位时，为承台以下作剖切平面所得到的图样，可以用虚线表示出承台位置。平面图上主要表达桥梁在水平方向的线型、桥墩、桥台的布置情况及车行道、人行道、栏杆等位置(图5.7)。

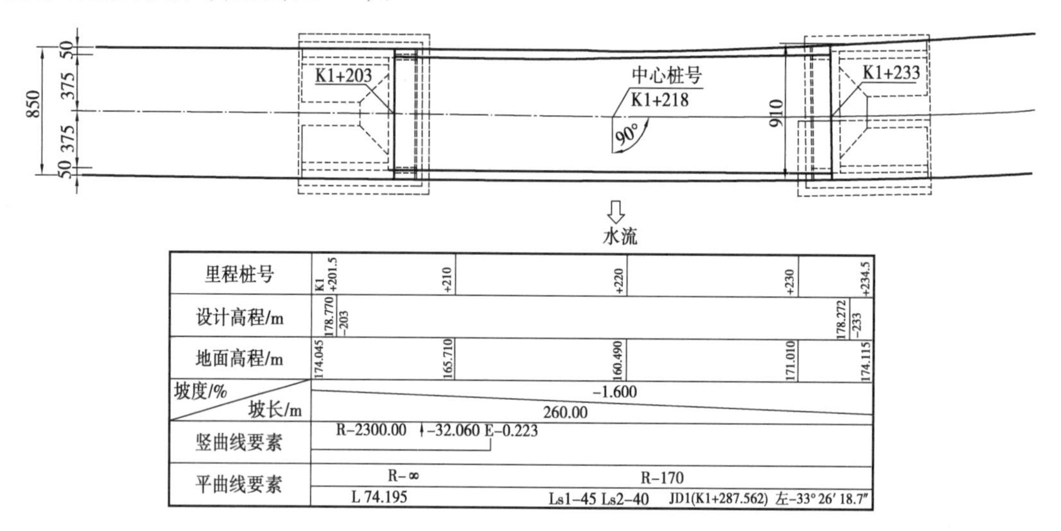

图5.7 某桥梁平面图

(2)立面图

桥梁立面图图样一般采用半立面图和半纵剖面图结合表示的方法，两部分图样以桥梁中心线分界。立面图上主要表达桥梁的总长、各跨的跨径、纵向坡度、施工放样和安装所必需的桥梁各部分的标高、河床的形状及水位高度。立面图还应反映桥位起始点、终点、桥梁中心线的里程桩号等及立面图方向桥梁各主要构件的相互位置关系(图5.8)。

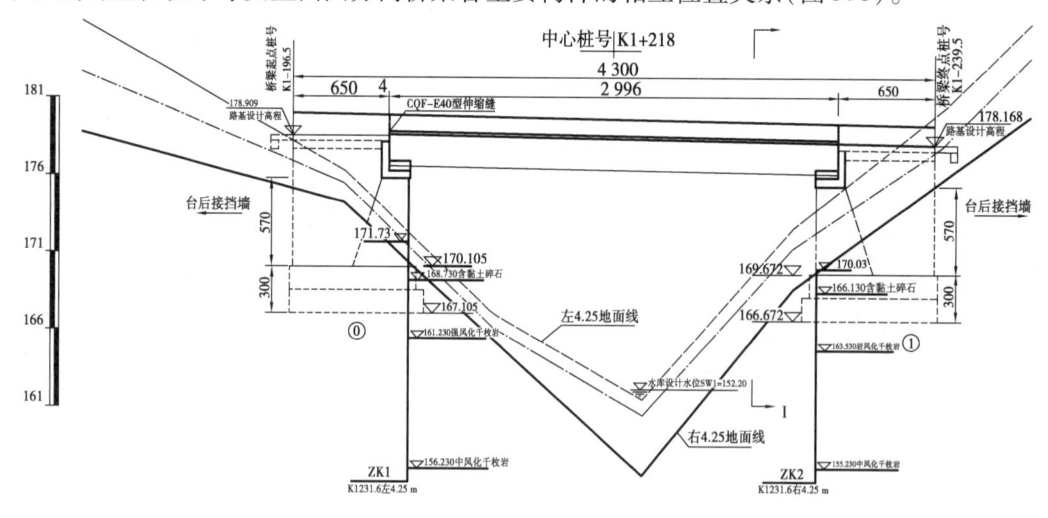

图5.8 某桥梁立面图

(3)侧面图

侧面图(横断面图)主要表达桥面宽度、桥跨结构横断面布置及横坡设置情况(图5.9)。

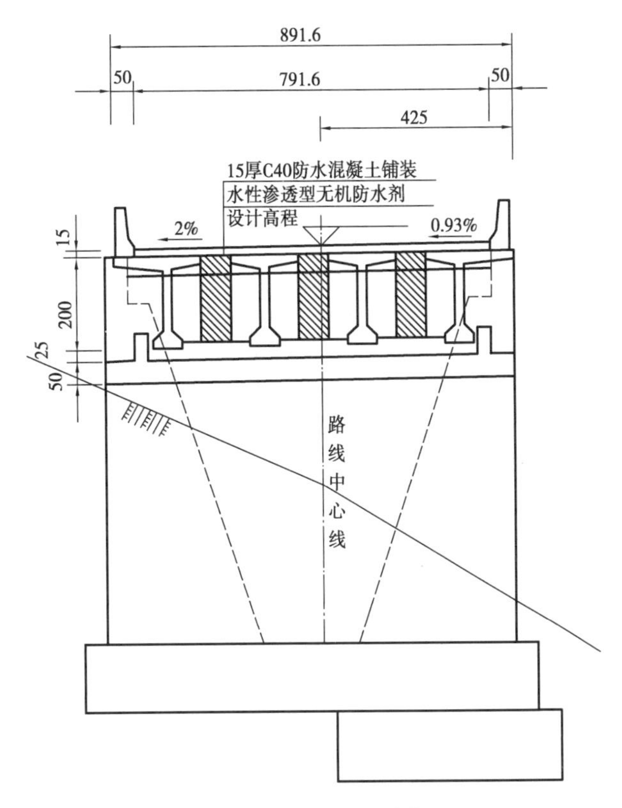

图5.9 某桥梁侧面图(单位:cm)

4)构件结构图

在总体布置图中,桥梁构件的尺寸无法详细完整地表达,因此需要根据总体布置图采用较大的比例把构件的形状、大小完整表达出来,以作为施工的依据,这种图称为构件结构图,简称构件图或构造图。

(1)桥台结构图

桥台属于桥梁的下部结构,主要是支承上部的板梁,并承受路堤填土的水平推力。桥台的形式很多,常见的有重力式U形桥台(又称实体式桥台)、肋板式桥台和柱式桥台(图5.10)。

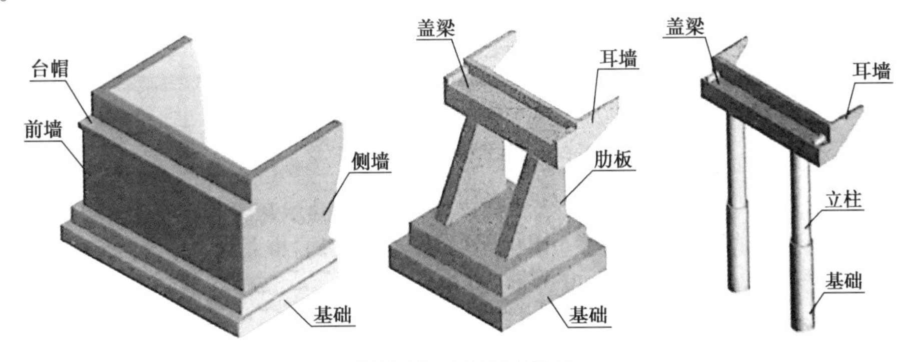

图5.10 桥台示意图

(2)桥墩构造图

桥墩和桥台一样同属桥梁的下部结构,其作用是将相邻两孔的桥跨连接起来。桥墩的形式很多,常见的有重力式桥墩、桩柱式桥墩(图 5.11)。

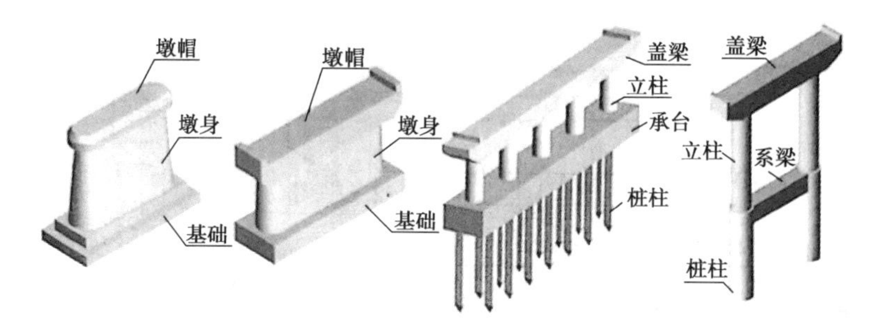

图 5.11　桥墩示意图

(3)桥跨结构图

桥跨结构包括主梁和桥面系。常见的钢筋混凝土主梁有钢筋混凝土空心板梁、钢筋混凝土 T 形梁及钢筋混凝土箱梁等(图 5.12、图 5.13)。

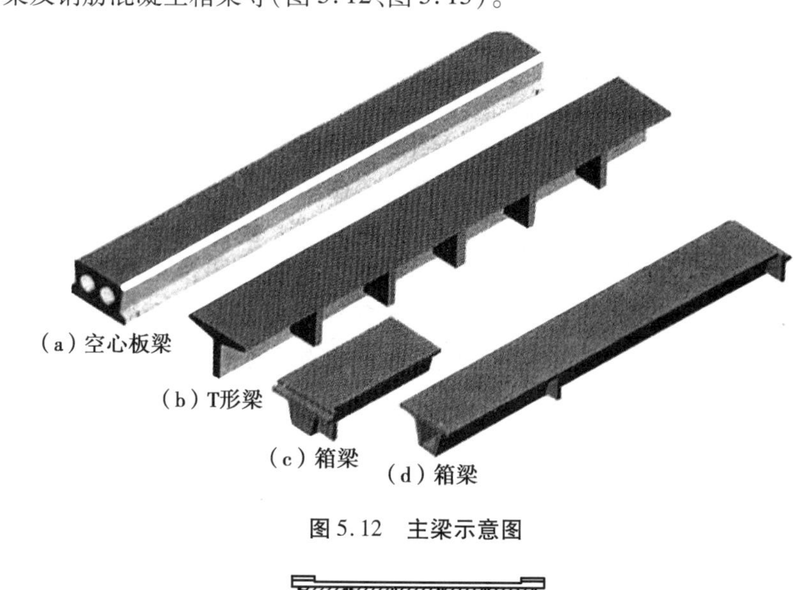

图 5.12　主梁示意图

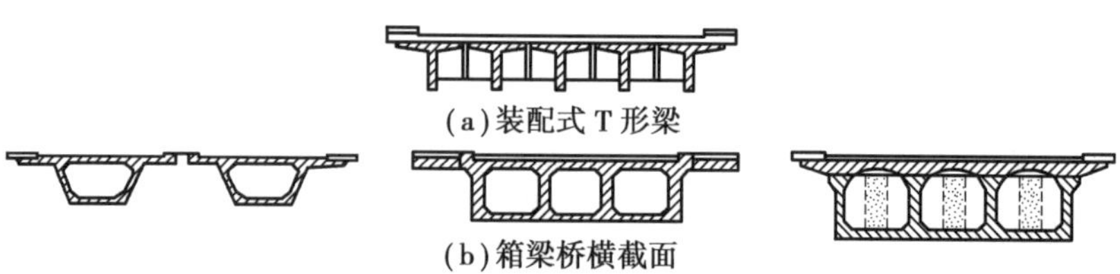

图 5.13　桥梁的截面形式

(4)钢筋混凝土结构钢筋图

钢筋混凝土结构图包括两类图样:一类称为构件构造图(或模板图),即对于钢筋混凝土结构,只画出构件的形状和大小,不表示内部钢筋的布置情况。另一类称为钢筋结构图,即主要表示构件内部钢筋的布置情况,也称为钢筋构造图或钢筋布置图,简称钢筋图。钢筋结构图在识读时,应该将各个图形与钢筋成型图和钢筋数量表结合起来。下面以桥台为例。

①桥台一般构造图。桥台是桥梁的下部结构，一方面支承桥梁；另一方面承受桥头路堤填土的水平推力。图 5.14 所示为常见的 U 形桥台。其主要由台帽、台身、背墙、侧墙和基础组成。

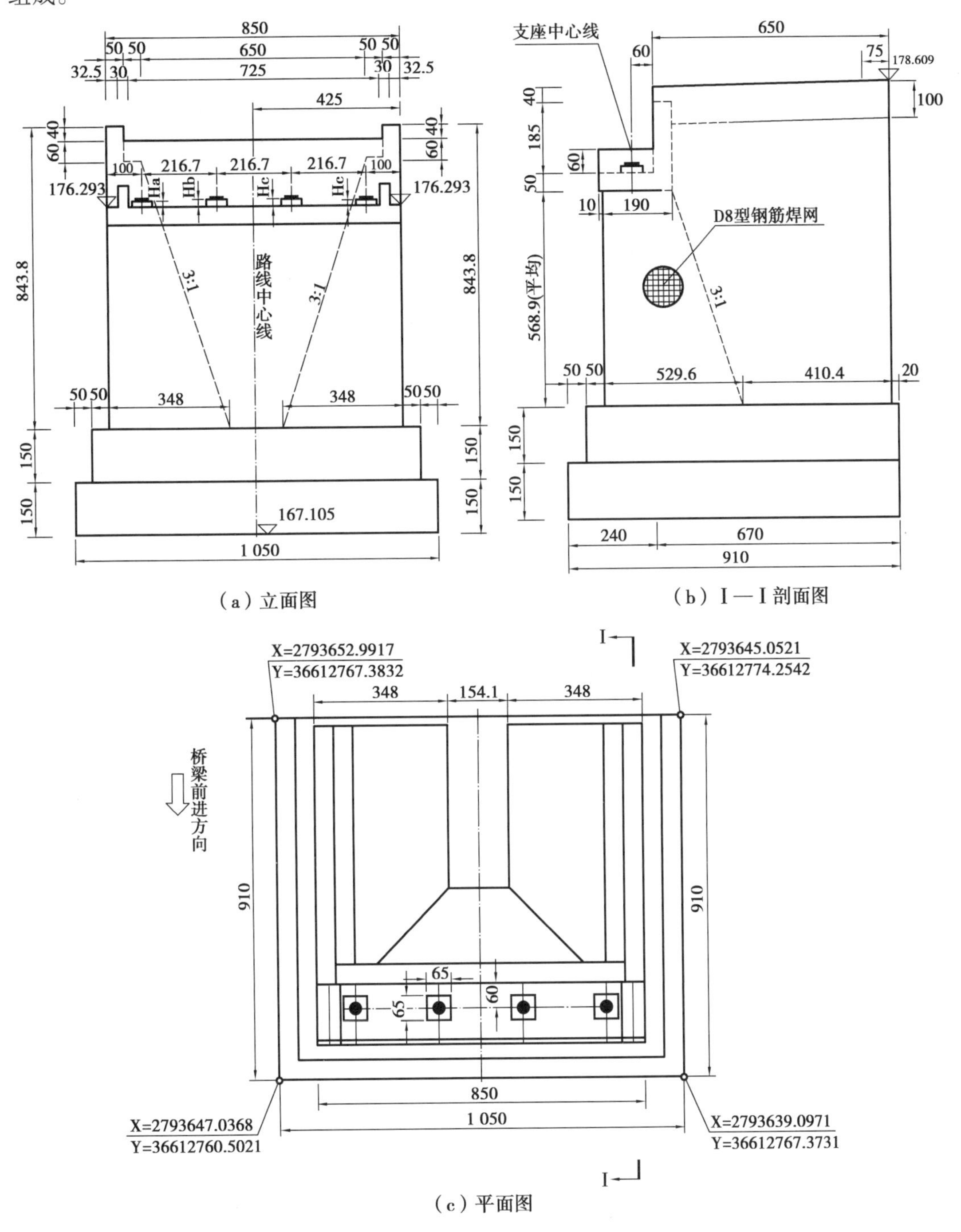

图 5.14 桥台一般构造图

②桥台配筋图。桥台各部分均为钢筋混凝土结构，都应绘出其钢筋结构图，如桥台背墙钢筋平面图、立面图和 *A*—*A* 剖面图、桥台台帽钢筋结构图。图 5.15 为桥台的钢筋结构情况示意图。

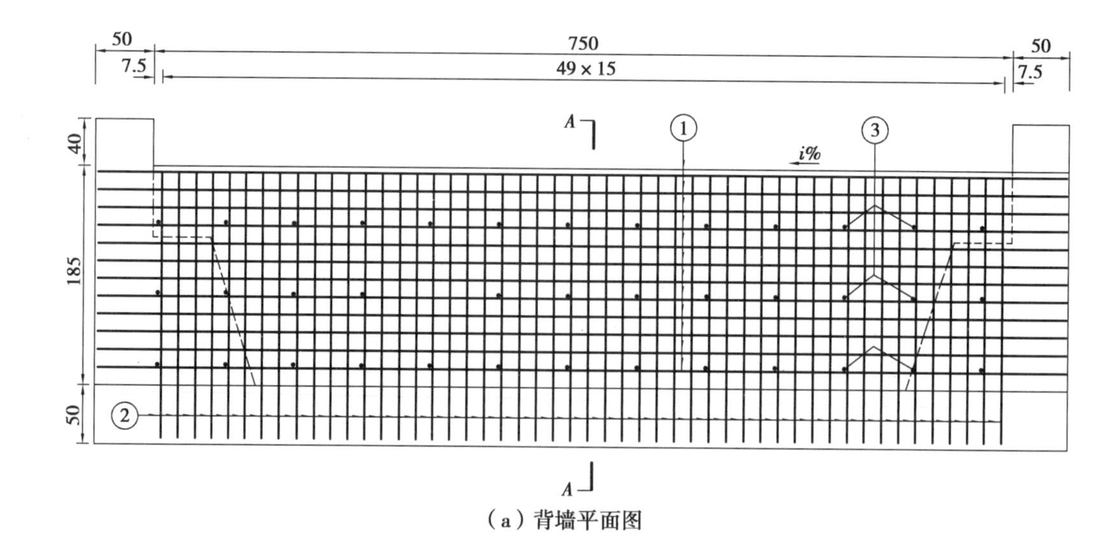

（a）背墙平面图

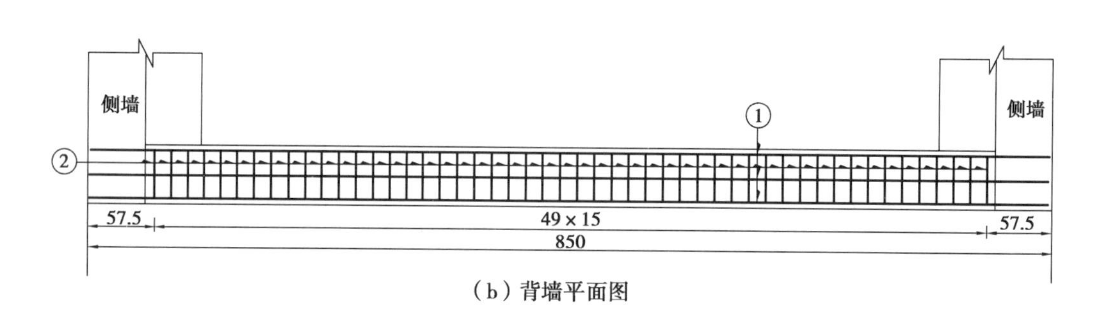

（b）背墙平面图

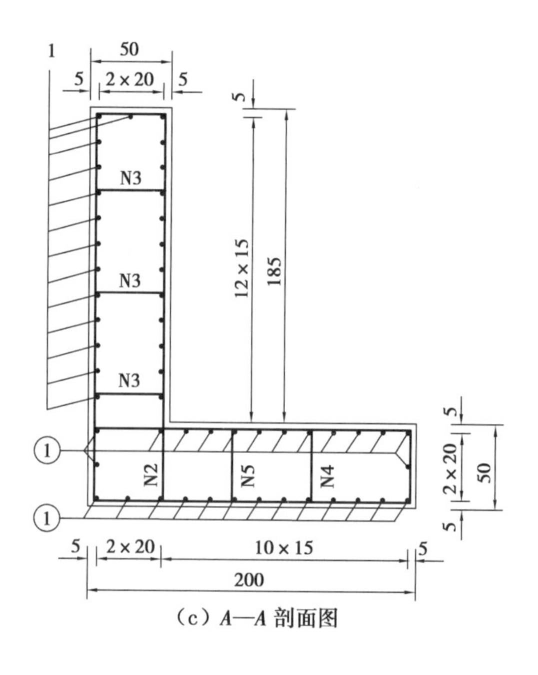

（c）*A*—*A* 剖面图

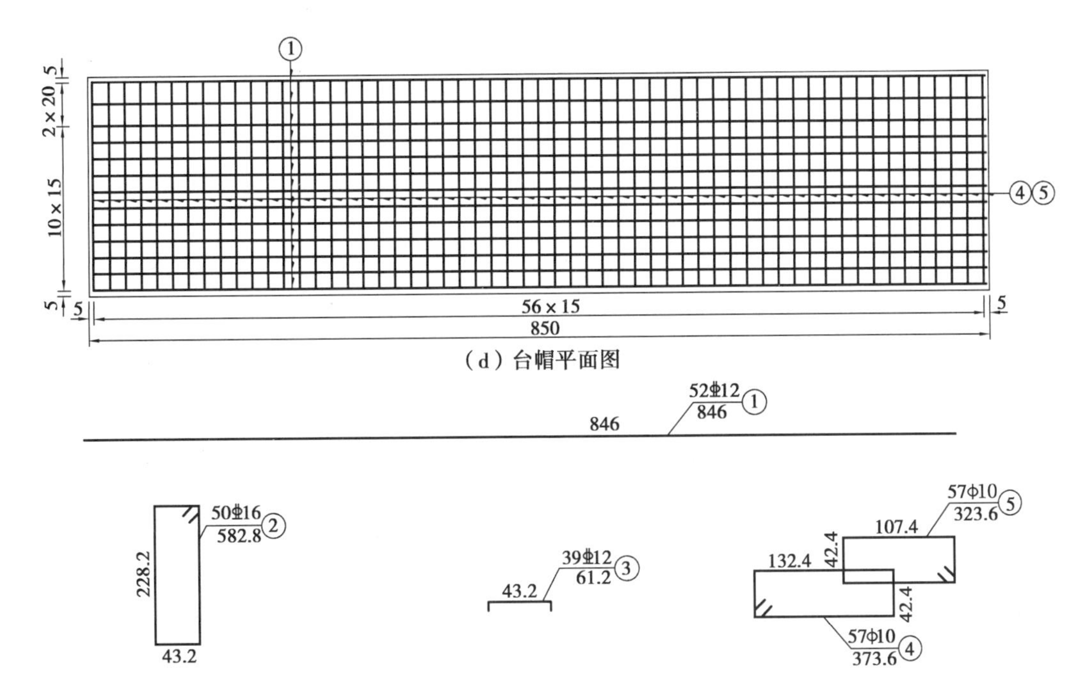

附注:1. 图中尺寸除钢筋直径以 mm 计,其余均以 cm 为单位。

2. 侧墙、挡块和垫石钢筋未示,另见相关图纸。

图 5.15 桥台背墙、台帽钢筋结构图

5.1.3 桥梁工程施工技术

1)钻孔桩施工技术

钻孔灌注桩是指在工程现场通过机械钻孔、钢管挤土或人力挖掘等手段在地基土中形成桩孔,并在其内放置钢筋笼、灌注混凝土而做成的桩。依照成孔方法不同,灌注桩又可分为沉管灌注桩、钻孔灌注桩和挖孔灌注桩等几类。

钻孔桩施工的主要工艺为:平整场地→钻孔机的安装与定位→埋设护筒→泥浆制备→钻孔→清孔→钢筋笼吊装→灌注水下混凝土→拔出护筒→检查质量。

(1)施工准备

施工准备包括:选择钻机、钻具、场地布置等。

钻机是钻孔灌注桩施工的主要设备,可根据地质情况和各种钻孔机的应用条件来选择。

(2)钻孔机的安装与定位

安装钻孔机的基础如果不稳定,施工中易产生钻孔机倾斜、桩倾斜和桩偏心等不良影响,因此要求安装地基稳固。对地层较软和有坡度的地基,可用推土机推平,再垫上钢板或枕木加固。

(3)埋设护筒

钻孔成败的关键是防止孔壁坍塌。当钻孔较深时,在地下水位以下的孔壁土在静水压力下会向孔内坍塌,甚至发生流砂现象。钻孔内若能保持比地下水位高的水头,增加孔内静水压力,能为孔壁平衡孔外地下水压力或者加大孔内向水力、防止坍孔。护筒除起到这个作用外，同时还有隔离地表水、保护孔口地面、固定桩孔位置和钻头导向作用等。

制作护筒的材料有木、钢、钢筋混凝土3种。护筒要求坚固耐用，不漏水，其内径应比钻孔直径大，每节长度为2~3 m。一般常用钢护筒，在陆地上与深水中均可使用，钻孔完成后，可取出重复使用。

(4)泥浆制备

钻孔泥浆由水、黏土(膨润土)和添加剂组成。具有浮悬钻渣、冷却钻头、润滑钻具，增大静水压力，并在孔壁形成泥皮，隔断孔内外渗流，防止坍孔的作用。调制的钻孔泥浆及经过循环净化的泥浆，应根据钻孔方法和地层情况来确定泥浆稠度，泥浆稠度应视地层变化或操作要求机动掌握，泥浆太稀，排渣能力小、护壁效果差；泥浆太稠会削弱钻头冲击功能，降低钻进速度。

(5)钻孔

钻孔是一道关键工序，在施工中必须严格按照操作要求进行，才能保证成孔质量。首先要注意开孔质量，为此必须对好中线及垂直度，并压好护筒。在施工中要注意不断添加泥浆和抽渣(冲击式用)，还要随时检查成孔是否有偏斜现象。采用冲击式或冲抓式钻机施工时，附近土层因受到震动而影响邻孔的稳固。所以钻好的孔应及时清孔，下放钢筋笼和灌注水下混凝土。钻孔的顺序也应该事先规划好，既要保证下一个桩孔的施工不影响上一个桩孔，又要使钻机的移动距离不要过远和相互干扰。

(6)清孔

在终孔检查完全符合设计要求时，应立即进行孔底清理，避免隔时过长以致泥浆沉淀，引起钻孔坍塌。对于摩擦桩当孔壁容易坍塌时，要求在灌注水下混凝土前沉渣厚度不大于30 cm；当孔壁不易坍塌时，不大于20 cm。对于柱桩，要求在射水或射风前，沉渣厚度不大于5 cm。清孔方法视使用的钻机不同而灵活应用。通常可采用正循环旋转钻机、反循环旋转机真空吸泥机以及抽渣筒等清孔。其中用吸泥机清孔，所需设备不多，操作方便，清孔也较彻底，但在不稳定土层中应慎重使用。其原理就是用压缩机产生的高压空气吹入吸泥机管道内将泥渣吹出。

(7)钢筋笼吊装

钢筋笼骨架焊接时，注意焊条的使用一定要符合规范要求，骨架一般分段焊接，长度由起吊设备的高度控制。钢筋笼的接长，可采用搭接焊或套管冷挤压连接等方法。钢筋笼安放要牢固，以防在混凝土浇筑过程中钢筋笼浮起，钢筋笼周边要安放圆的混凝土保护层垫块。

(8)灌注水下混凝土

水下混凝土灌注通常采用导管法进行施工，导管直径一般为最大石子粒径的8倍，管子间距一般为4.5m。施工时，为防止水流、杂物进入导管，下管前可将管子底端塞住，借第一罐混凝土的重量把塞子冲开，使混凝土灌注就位，深水作业时要防止管子浮起，下管时可将管子充水，在管顶装紧贴管壁的橡胶球，然后灌入混凝土，将球顺管子压出，即可进行灌注。每根导管的水下混凝土浇筑工作，应在该导管首批混凝土初凝前完成，否则应掺入缓凝剂，推迟初凝时间。

(9)拔出护筒

混凝土浇筑结束后，即拔出护筒，并将浇筑设备机具清洗干净，堆放整齐。

(10)检查质量

桩基础属于地下隐蔽工程，尤其是灌注桩，易出现缩颈、夹泥、断桩或沉渣过厚等多种形态的质量缺陷，影响桩身结构完整性和单桩承载力，因此必须进行施工监督、现场记录和质量检测，以保证质量，减少隐患。桩身结构完整性的检测方法，一般有开挖检查法、抽芯法、超声波检测法和动测法。

2)桥梁墩台施工技术

桥梁的墩台是支撑桥梁上部结构的一个重要部位，一般采用现场浇筑或者预制安装两种施工方法。

(1)现场就地浇筑与砌筑

现场就地浇筑与砌筑的优点是工序简便，机具较少，技术操作难度较小；但是施工期限较长，需耗费较多的劳力与物力。现场就地浇筑的混凝土墩台施工的主要工序为：搭建脚手架，焊接、安装钢筋，安装模板，混凝土浇筑和拆模养生等。

(2)预制安装

拼装石砌墩台、预制的混凝土砌块、钢筋混凝土或预应力混凝土构件，其特点是依赖于施工机械（起重机械、混凝土泵送机械及运输机械）的进步，既可确保施工质量、减轻工人劳动强度，又可加快工程进度、提高工程效益。

①石砌墩台具有就地取材和经久耐用等优点，在石料丰富地区建造墩台时，在施工期限许可的条件下，为节约水泥，应优先考虑石砌墩台方案。

②装配式墩台具有结构形式轻便，建桥速度快，圬工省，预制构件质量有保证等优点，适用于山谷架桥或跨越平缓无漂流物的河沟、河滩等的桥梁，特别是在工地干扰多、施工场地狭窄，缺水与砂石供应困难地区，其效果更为显著。目前经常采用的有砌块式、柱式和管节式或环圈式墩台等。

3)桥梁上部结构施工技术

桥梁上部结构施工方法总体上分为现场浇筑和预制安装两种方法。

(1)就地浇筑

就地浇筑法是在桥位处搭设支架，在支架上浇筑桥体混凝土，达到强度后拆除模板、支架。就地浇筑法无须预制场地，而且不需要大型起吊、运输设备，梁体的主筋可不中断，桥梁整体性好。它的主要缺点是工期长，施工质量不容易控制；对预应力混凝土梁由于混凝土的收缩、徐变引起的应力损失比较大；施工中的支架、模板耗用量大，施工费用高；搭设支架影响排洪、通航，施工期间可能受到洪水和漂流物的威胁。

(2)预制安装

预制安装是指在预制工厂或在运输方便的桥址附近设置预制场进行梁的预制工作，然后采用一定的架设方法进行安装。预制安装法施工一般是指钢筋混凝土或预应力混凝土简支梁的预制安装，分预制、运输和安装 3 个部分。预制安装施工法的主要特点是：

①采用工厂生产制作，构件质量好，有利于确保构件的质量和尺寸精度，并尽可能多地采用机械化施工。

②上下部结构可以平行作业,因而可缩短现场工期。

③能有效利用劳动力,并由此降低了工程造价。

④施工速度快,可适用于紧急施工工程。

⑤由于构件预制后要存放一段时间,因此在安装时已有一定龄期,可减少混凝土收缩、徐变引起的变形。

4)桥面系及附属工程施工技术

(1)桥梁支座安装

桥梁支座是连接桥梁上部结构和下部结构的重要结构部件,位于桥梁和垫石之间,它能将桥梁上部结构承受的荷载和变形(位移和转角)可靠地传递给桥梁下部结构,是桥梁的重要传力装置。有固定支座和活动支座两种。桥梁工程常用的支座形式包括:油毛毡或平板支座、板式橡胶支座、球形支座、钢支座和特殊支座等。

①板式橡胶支座的安装。

a.垫石顶凿毛清理。人工用铁錾凿毛,凿毛程度满足施工缝处理的有关规定。

b.测量放线。根据设计图上标明的支座中心位置,分别在支座及垫石上画出纵横轴线,在墩台上放出支座控制标高。

c.找平修补。将墩台垫石处清理干净,用干硬性水泥砂浆将支承面缺陷修补找平,并使其顶面标高符合设计要求。

d.拌制环氧砂浆。将细砂烘干后,依次将细砂、环氧树脂、二丁酯、二甲苯放入铁锅中加热并搅拌均匀。

e.支座安装。支座安装在找平层砂浆硬化后进行;黏结时,宜先黏结桥台和墩柱盖梁两端的支座,经复核平整度和高程无误后,挂基准小线进行其他支座的安装。黏结时先将砂浆摊平拍实,然后将支座按标高就位,支座上的纵横轴线与垫石纵横轴线要对应。严格控制支座平整度,每块支座都必须用铁水平尺测其对角线,误差超标应及时予以调整。支座与支承面接触应不空鼓,如支承面上放置钢垫板时,钢垫板应在桥台和墩柱盖梁施工时预埋,并在钢板上设排气孔,保证钢垫板底混凝土浇筑密实。

②盆式橡胶支座的安装。

a.盆式支座安装前按设计要求及现行标准对成品进行检验,合格后安装。

b.安装前对墩、台轴线、高程等进行检查,合格后进行下步施工。

c.安装单向活动支座时,应使上下导向挡板保持平行。

d.安装活动支座前应对其进行解体清洗,用丙酮或酒精擦洗干净,并在四氟板顶面注满硅脂,重新组装应保持精度。

e.盆式支座安装时上、下各座板纵横向应对中,安装温度与设计要求不符时,活动支座上、下座板错开距离应经过计算确定。

(2)各种缝施工

主要施工方法根据全桥体系转换的要求,湿接头、湿接缝施工流程如下:准备工作→绑扎钢筋→连接波纹管并穿钢绞线束→吊设模板→浇筑连续接头、中横梁及其两侧与顶板负弯矩钢绞线束同长度范围内的湿接缝→养护→张拉负弯矩钢绞线束并压浆→浇筑剩余部分湿接缝混凝土→拆除一联内临时支座,完成体系转换。

伸缩缝施工如下:伸缩缝的预埋件的放置及安装严格按照厂家的要求进行,安装好的桥面伸缩缝,缝面必须平整,并无堵塞、渗漏、变形、开裂现象。锚固钢筋应沿桥宽方向均匀焊接在异型钢板上(在工厂完成),混凝土预留槽内以大于 C30 环氧树脂混凝土填充捣实。

(3)现浇桥面施工

现浇桥面的施工顺序如下:凿除浮渣、清洗桥面→精确放样→绑扎钢筋→安装模板→浇筑 C40 混凝土→精平并拉毛→混凝土养生。

(4)防撞护栏施工

防撞护栏混凝土结构物施工工艺如下:施工测量放样→钢筋制作→钢筋安装→立模→断缝设置与护栏分节段施工→支承加固→混凝土拌和→混凝土运输→混凝土浇筑→混凝土捣实→拆模→混凝土养护。

(5)人行道、栏杆施工

人行道板及栏杆均严格按照设计图尺寸进行预制,预制块预制时注意预埋件必须安放准确。人行道系预制件安放时位置必须准确,线形顺直,注意外观上的修饰。

(6)附属工程施工

附属工程主要包括护坡浆砌片石工程、砂浆勾缝及砂浆抹面工程等。施工时,应注意预埋好广告灯座等安装钢筋。

5.2 清单项目划分

节选自《建设工程工程量计算规范广西壮族自治区实施细则(修订本)》。

1)桩基

桩基工程量清单项目名称、计量单位及工程量计算规则,应按表 5.1 的规定执行。

表 5.1 桩基(编码:040301)

项目编码	项目名称	计量单位	工程量计算规则
040301001	预制钢筋混凝土方桩	m	按设计图示尺寸以桩长(包括桩尖)计算
040301002	预制钢筋混凝土管桩		
040301003	钢管桩	t	按设计图示尺寸以质量计算
040301009	钻孔压浆桩	m	按设计图示尺寸以桩长计算
040301010	灌注桩后注浆	孔	按设计图示以注浆孔数计算
040301011	截桩头	m^3	按设计桩截面乘以桩头长度以体积计算
040301012	声测管	t	按设计图示尺寸以质量计算

2)现浇混凝土构件

现浇混凝土构件工程量清单项目名称、计量单位及工程量计算规则,应按表 5.2 的规定执行。

表 5.2　现浇混凝土构件(编码:040303)

项目编码	项目名称	计量单位	工程量计算规则
040303001	混凝土垫层	m^3	按设计图示尺寸以体积计算
040303002	混凝土基础		
040303003	混凝土承台		
040303004	混凝土墩(台)帽		
040303005	混凝土墩(台)身		
040303006	混凝土支撑梁及横梁		
040303007	混凝土墩(台)盖梁		
040303008	混凝土拱桥拱座		
040303009	混凝土拱桥拱肋		
040303010	混凝土拱上构件		
040303011	混凝土箱梁		
040303012	混凝土连续板		
040303013	混凝土板梁		
040303014	混凝土箱板拱		
040303015	混凝土挡墙墙身		
040303018	混凝土防撞护栏	m	按设计图示尺寸以长度计算
040303019	桥面铺装	m^2	按设计图示尺寸以面积计算
040303020	混凝土桥头搭板	m^3	按设计图示尺寸以体积计算
040303021	混凝土搭板枕梁		
040303024	混凝土其他构件		

3)预制安装混凝土构件

预制安装混凝土构件工程量清单项目名称、计量单位及工程量计算规则,应按表 5.3 的规定执行。

表 5.3　预制安装混凝土构件(编码:040304)

项目编码	项目名称	计量单位	工程量计算规则
040304001	预制安装混凝土梁	m^3	按设计图示尺寸以体积计算
040304002	预制安装混凝土柱		
040304003	预制安装混凝土板		
040304004	预制安装混凝土挡土墙墙身		
040304005	预制安装混凝土其他构件		

5.3 定额说明

1)灌注桩基础工程

①定额包括人工挖孔灌注桩、机械成孔灌注桩,共2节。

②人工挖孔灌注桩成孔定额中已含护壁混凝土,均按商品混凝土考虑,如护壁混凝土现场拌制,定额不予调整。

③机械钻孔灌注桩按成孔机械分为回旋钻机钻孔灌注桩、冲击式钻机钻孔灌注桩、旋挖钻机钻孔灌注桩、全回转全套管成孔灌注桩,除了全回转全套管钻机成孔外均按泥浆护壁成孔作业考虑。

④钻孔灌注桩定额钻孔土质分为三大类:

A. 砂(黏)土层,主要有:

a. 粉土、砂土(粉砂、细砂、中砂、粗砂、砾砂)、粉质黏土、弱中盐渍土、软土(淤泥质土、泥炭、泥炭质土)、软塑红黏土、冲填土。

b. 黏土、混合土、可塑红黏土、硬塑红黏土、强盐渍土、素填土、压实填土、杂填土。

c. 碎石土(圆砾、角砾):粒径2~20 mm的角砾、圆砾含量小于或等于50%,包括礓石及粒状风化。

B. 砾石、卵石层,主要有:

a. 碎石土(圆砾、角砾):粒径2~20 mm的角砾、圆砾含量大于50%,有时还包括粒径为2~200 mm的碎石、卵石,其含量在50%以内,包括块状风化。

b. 卵石、碎石、漂石、块石。

c. 坚硬红黏土、超盐渍土。

d. 极软岩:全风化的各种岩石、各种半成岩。

C. 岩石层,包含土石方工程“岩石分类表”中的除极软岩外的岩石类别,主要有:

a. 软岩:强风化的坚硬岩或较硬岩;中等风化—强风化的较软岩;未风化—微风化的页岩、泥岩、泥质砂岩等。

b. 较软岩:中等风化—强风化的坚硬岩或较硬岩;未风化—微风化的凝灰岩、千枚岩、泥灰岩、砂质泥岩等。

c. 较硬岩:微风化的坚硬岩;未风化—微风化的大理岩、板岩、石灰岩、白云岩、钙质砂岩等。

d. 坚硬岩:未风化—微风化的花岗岩、闪长岩、辉绿岩、玄武岩、安山岩、片麻岩、石英岩、石英砂岩、硅质砾岩、硅质石灰岩等。

⑤钻孔灌注桩成孔定额按孔径、深度和土质划分项目,若超过定额划分范围时另行计算。

⑥钻孔灌注桩成孔入软岩、强风化岩执行砂(黏)土子目,入较软岩、较硬岩、坚硬岩执行岩石子目,入其他岩石层执行岩石子目乘以系数0.82。

⑦钢护筒按设计用量计算(包括加劲肋及连接用法兰盘等全部钢材的质量),若设计未提供钢护筒质量时,可参考表5.4计算。

表 5.4　钢护筒用量表

桩径/mm	800	1 000	1 200	1 500	1 800	2 000	2 200	2 500	2 800	3 000
每米护筒重量/(kg·m^{-1})	144	267	390	568	778.6	919	1 153	1 504	1 778.2	1 961

⑧灌注桩混凝土均考虑混凝土水下施工，在工作平台上导管倾注混凝土。定额中已包括设备(如导管等)摊销及扩孔增加的混凝土数量，不得另行计算。

⑨本章定额中不包括在钻孔中遇到障碍必须清除的工作，发生时可另行计算。

⑩桩底压密注浆管安装定额适用于按设计要求的预埋施工，如设计无桩底注浆要求，不得执行该定额。若在桩芯混凝土浇注后实施的作业，注浆孔道成孔可另行计算。

⑪水上钻孔灌注桩定额不包含施工支架平台，发生时可执行本册定额第八章临时工程相关定额子目。

2)现浇混凝土工程

(1)现浇混凝土工程

①本章混凝土定额非泵送混凝土考虑，若采用泵送混凝土应按第一册通用项目相应混凝土泵送子目执行，并扣除混凝土定额中起重机台班消耗量。

②如本定额中毛石混凝土的毛石含量与设计不同时，可以换算，但人工费及机械费不变。

③本章垫层定额包含人工开挖基坑(沟槽)底标高前 20 ~ 30 cm 内的土方人工消耗量 。

④混凝土需掺钢纤维、阻锈剂、膨胀剂等外加剂时，可按设计要求计算材料费用，其余不变。

⑤桥面铺装混凝土为桥面道路结构层与桥梁上构梁板之间的结合层，不包含桥面道路结构层，桥面道路结构层执行第二册道路工程相应定额子目。

⑥索塔高度为基础顶、承台顶或系梁底到索塔顶的高度。当索塔固结时，工程量为基础顶面或承台顶面至塔顶部分；当塔墩分离时，工程量应为桥面顶部至塔顶部分，桥面顶部以下部分应按墩台定额计算。

(2)现浇混凝土模板

①本定额模板分构件不同部位以木模、复合木模及组合式钢模考虑，实际采用与定额不同时不予调整。

②承台分有底模及无底模两种，地面以上承台执行有底模承台定额子目；地面以下或套箱、钢板桩围堰浇筑承台执行无底模承台定额子目。

③现浇梁、板等模板定额中均已包括铺筑底模内容，但未包括支架部分，如发生时可执行本册相应子目。

④本章定额均未包括预埋的铁件，如设计要求预埋铁件时，可按设计用量执行本册钢筋工程相应子目。

⑤异型模板是指设计尺寸不规则且需定制加工的模板。构件弯曲部分才能执行异型模板定额子目，其它部分执行常规模板定额子目。

(3)支架工程

①桥涵支架均不包括底模及地基加固，发生时可另行计算。

②挂篮安装定额子目中型钢用量仅考虑安拆损耗,挂篮的使用费另行计算。

③满堂式钢管支架、装配式钢支架、钢拱架、移动模架、提升模架定额仅考虑安装、拆除的费用,周转材料(设备)使用费另行计算。实际搭设与参考质量不同时,应予调整。

a. 满堂扣件式(盘扣式)钢管支架参考质量:每立方空间体积 50 kg 计算(包括扣件等)。

b. 装配式钢支架(万能杆件)参考质量:每立方空间体积 125 kg 计算(包括扣件等)。

c. 钢拱架安拆所需设备未包含在定额内,需要时另行计算,钢拱架全套设备参考质量见表 5.5。

表 5.5　钢拱架参考质量表

标准跨径/m	30		40		50		60	
拱矢度	1/3	1/5	1/3	1/5	1/3	1/5	1/3	1/5
全套设备质量/t	131.0	117.6	237.8	222.1	358.1	320.6	410.4	372.7

d. 移动模架金属设备参考质量见表 5.6。

表 5.6　移动模架参考质量表

箱梁跨径/m	移动模架设备质量/t	
	上行式	下行式
30～40	500	450
40～50	660	600
50～60	900	800
60～65	1 400	1 100

e. 提升模架设备参考质量见表 5.7。

表 5.7　提升模架参考质量表

项目	提升模架		
	方柱式墩(间距 6.4 m)	空心墩	索塔
断面尺寸	2 个×1.6 m×1.8 m 墩	8.6 m×2.6 m	2 个×2 m×4 m 塔柱间距 25 m
全套设备质量/t	9.7	11.0	60.0

注:当图纸中墩柱尺寸与定额中不一致的时候,可按周长比计算提升模架质量。

f. 定额周转材料(设备)使用费按 200 元/(t・月)计算。

(4)钢管柱支架。

①钢管柱支架指采用直径大于 30 cm 钢管作为立柱,在立柱上采用金属材料构件搭设水平支撑平台的支架,其中下部指立柱顶面以下部分,上部指立柱顶面以上部分。

②钢管柱支架下部定额中钢管桩消耗量为陆地上搭设钢管桩支架的安拆损耗量,若为水中搭设钢管桩支架或用于索塔横梁的现浇支架时,应将定额中的钢管桩消耗量 1.04 t 调整为 3.467 t,其余材料耗量不变。

③钢管柱支架上部定额仅考虑安拆费用,未含金属设备使用费。金属设备参考质量为

13.3 t/100 m²,金属设备使用费按 200 元/(t·月)计算。

(5)泵管定额仅含安装、拆除,不包含材料使用费,材料使用费另计。

(6)墩、台身及索塔混凝土构件模板定额不含外脚手架费用,应另行计算。

3)预制混凝土工程

(1)预制混凝土工程

①定额不包括地模、胎模费用,需要时另行执行相应定额子目计算。

②小型构件安装已包括 150 m 场内运输,其他构件均未包括场内运输,可另行执行相应定额子目计算。

③安装预制构件定额中,均未包括脚手架及支撑支架费用,如需要用脚手架时,可执行相应定额子目计算。

④安装预制构件,可根据施工现场具体情况,采用合理的施工方法,执行相应定额子目计算。

(2)预制混凝土构件模板

①仅设置混凝土地、胎模筑拆的定额子目,其他材料的地、胎膜可另行执行相应定额子目计算。

②预制空心板(空心板梁)若采用塑料管做芯模,可执行第二章矩形空心板塑料管芯模子目。

(3)金属结构吊装设备

金属结构吊装设备定额仅考虑安装、拆除,设备使用费另行计算,实际搭设质量与参考质量不同时,应予调整。

5.4 工程量计算规则

1)灌注桩基础工程

①人工挖孔桩土方工程量按“护壁外缘包围的面积×桩长(护壁顶至设计桩底长度)”以“m^3”计算,现浇混凝土护壁和桩芯混凝土工程量按设计图示尺寸以“m^3”计算。

②灌注桩成孔工程量按“桩长(指护筒顶至设计桩底长度)×设计截面面积”以“m^3”计算。成孔定额中同一孔内的不同土质,应分别按不同土质的长度以“m^3”计算工程量,按桩总深度执行相应桩长子目。

③灌注桩混凝土工程量,按“(设计桩长+设计超灌长度)×设计截面面积”以“m^3”计算,如设计图纸未注明超灌长度,则超灌长度取 1 m 计算。

④泥浆运输工程量按成孔体积以“m^3”计算。

⑤桩底压密注浆按注浆体积以“m^3”计算。

2）现浇混凝土工程

（1）现浇混凝土工程

①混凝土工程量按设计图示尺寸实体体积以"m^3"计算（不包括空心板、梁的空心体积），不扣除钢筋、铁丝、铁件、预留压浆孔道和螺栓所占的面积。

②现浇混凝土墙、板上单孔面积在 0.3 m^2 以内的孔洞体积不予扣除，单孔面积在 0.3 m^2 以上时，应予扣除。

（2）现浇混凝土模板

①现浇混凝土构件模板按构件与模板的接触面积以"m^2"计算。混凝土墙、板上单孔面积在 0.3 m^2 以内的孔洞侧壁模板面积不计；单孔面积在 0.3 m^2 以上时，孔洞侧壁模板面积并入墙、板模板工程量之内计算。

②现浇空心板若采用塑料管做芯模，可另套塑料管芯模子目，套用定额时需按芯模实际孔径换算管材规格，工程量按管道实际敷设长度以"m"计算。

（3）支架工程

①现浇混凝土构件模板支架工程量按构件宽度两侧各加 1 m 的水平投影面积×支架高度的空间体积以"m^3"计算。

②钢拱架的工程量为钢拱架及支座金属构件的质量之和以"t"计算。

③钢管柱支架定额下部工程量按立柱质量以"t"计算，立柱间横向连接构件已在定额中综合考虑，不予计算；上部工程量按支架水平投影面积以"m^2"计算。

④支架预压定额按需支撑的钢筋混凝土实体积的 1.1 倍以"m^3"计算。

（4）泵管安拆按长度以"m"为单位计算。

3）预制混凝土工程

（1）预制混凝土工程

①预制空心构件按设计图尺寸扣除空心体积，按实体体积以"m^3"计算，不扣除钢筋、铁丝、铁件和螺栓所占体积。空心板梁的堵头板体积不计入工程量内，其消耗量已在定额中考虑。

②预应力混凝土构件的封锚混凝土数量并入构件混凝土工程量计算。

③预制钢筋混凝土构件制作、运输及安装工程量按设计图示实体体积以"m^3"计算。

（2）预制混凝土构件模板

预制混凝土构件模板按模板接触面积（包括侧模和底模）以"m^2"计算。

（3）构件运输工程量

构件运输工程量按设计预制构件的混凝土实体体积以"m^3"计算。

5.5 实训案例

［例 5.1］ 某桥梁扩大基础示意图如图 5.16 所示，现浇商品混凝土强度等级为 C25，全桥共 8 个扩大基础。试计算该基础混凝土工程量、模板工程量并套定额。

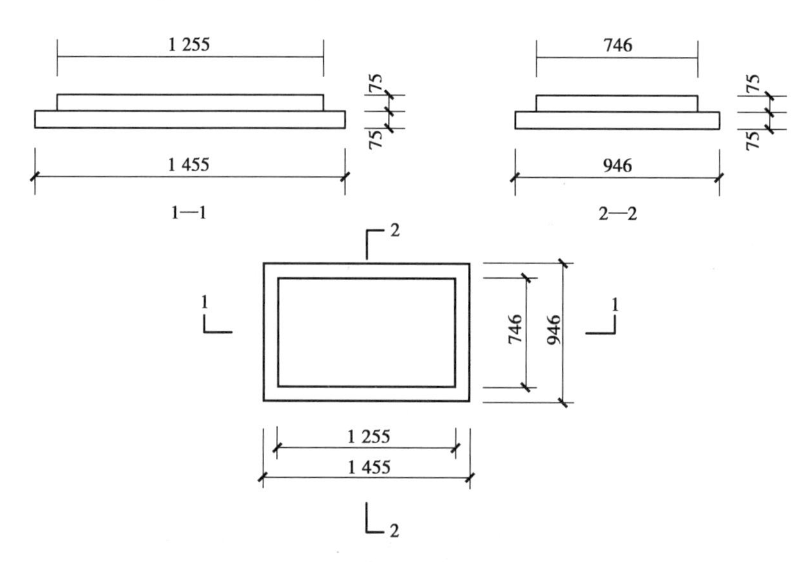

图 5.16　扩大基础示意图(单位:cm)

解　(1)根据题目内容列项并套定额,详见表 5.8。

表 5.8　综合单价分析表

(适用于单价合同)

序号	项目编码	项目名称及项目特征描述	单位	工程量	综合单价/元	综合单价/元						
						人工费	材料费	机械费	管理费	利润	增值税	其中:暂估价
1	040303002001	扩大基础混凝土基础 混凝土种类、强度等级:现浇混凝土 C25	m^3	1 387.60	435.73	56.10	284.46	20.76	26.13	12.30	35.98	
	C3-0101 换	混凝土基础 混凝土{换:碎石 GD40 商品水下混凝土　C25}	10 m^3	138.760	4 060.03	422.00	2 787.83	202.65	212.38	99.94	335.23	
	C3-0102	混凝土基础模板	10 m^2	52.824	780.40	365.00	149.00	12.97	128.51	60.48	64.44	

注:一般计税法的增值税为增值税销项税(各项费用的价格不包含增值税进项税额);
　　简易计税法的增值税为应纳增值税(各项费用的价格包含增值税进项税额)。

(2)计算定额工程量,详见表 5.9。

表 5.9　分部分项工程量计算表

编号	工程量计算式	单位	标准工程量	定额工程量
040303002001	扩大基础混凝土基础 混凝土种类、强度等级:现浇混凝土 C25	m^3	1 387.60	1 387.60
=8	12.55×7.46×0.75+14.55×9.46×0.75		1 387.60	
C3-0101 换	混凝土基础 混凝土{换:碎石 GD40　商品水下混凝土　C25}	10 m^3	1 387.60	1 387.60

续表

编号	工程量计算式	单位	标准工程量	定额工程量
=8	12.55×7.46×0.75+14.55×9.46×0.75		1 387.60	
C3-0102	混凝土基础 模板	10 m^2	528.24	528.24
	(12.55+7.46+14.55+9.46)×2×0.75×8		528.24	

［例 5.2］　某桥梁桥墩示意图如图 5.17 所示，现浇商品混凝土强度等级为 C40，全桥共 20 个桥墩。试计算该桥墩混凝土工程量、模板工程量并套定额。

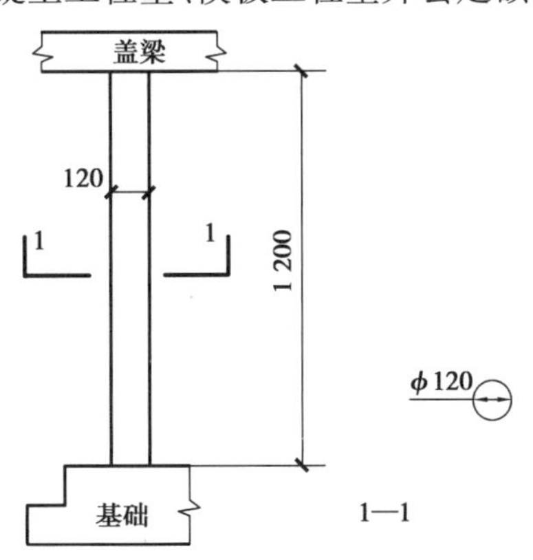

图 5.17　桥墩示意图(单位:cm)

解　(1)根据题目内容列项并套定额，详见表 5.10。

表 5.10　综合单价分析表

(适用于单价合同)

序号	项目编码	项目名称及项目特征描述	单位	工程量	综合单价/元	综合单价/元						
						人工费	材料费	机械费	管理费	利润	增值税	其中：暂估价
1	040303005001	混凝土墩身 1.部位:墩身 2.截面:φ120 3.结构形式:等截面 4.混凝土种类、强度等级:现浇混凝土 C40	m^3	271.30	1 098.93	300.38	454.06	69.04	125.60	59.11	90.74	
	C3-0118 换	柱式墩台身混凝土｛换:碎石 GD40 商品普通混凝土 C40｝	10 m^3	27.130	5 479.26	843.80	3 005.92	503.48	458.08	215.56	452.42	
	C3-0119	柱式墩台身模板	10 m^2	90.432	1 653.02	648.00	460.41	56.08	239.39	112.65	136.49	

注:一般计税法的增值税为增值税销项税(各项费用的价格不包含增值税进项税额)；
　简易计税法的增值税为应纳增值税(各项费用的价格包含增值税进项税额)。

(2)计算定额工程量,详见表5.11。

表5.11 分部分项工程量计算表

编号	工程量计算式	单位	标准工程量	定额工程量
040303005001	混凝土墩身 1. 部位:墩身 2. 截面:ϕ120 3. 结构形式:等截面 4. 混凝土种类、强度等级:现浇混凝土 C40	m^3	271.30	271.30
	3.14×0.6×0.6×12×20		271.30	
C3-0118 换	柱式墩台身 混凝土{换:碎石 GD40 商品普通混凝土 C40}	10 m^3	271.30	27.130
	3.14×0.6×0.6×12×20		271.30	
C3-0119	柱式墩台身 模板	10 m^2	904.32	90.432
	3.14×1.2×12×20		904.32	

[例5.3] 某桥梁预制空心板断面如图5.18所示,每块空心板长度为12 m,混凝土强度等级为C30,全桥共28块空心板,请计算该预制空心板混凝土的清单工程量。

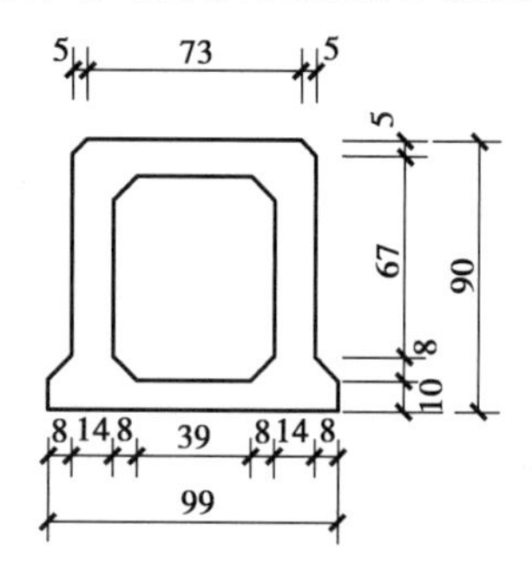

图5.18 预制空心板断面示意图(单位:cm)

解 $S_1=(0.73+0.05+0.05)\times0.9+(0.1+0.08+0.08)/2\times0.08\times2-0.05\times0.05/2\times2=0.765(m^2)$

$S_2=(0.39+0.08+0.08)\times(0.9-0.12-0.12)-0.08\times0.08/2\times4=0.350\ 2(m^2)$

$S_3=S_1-S_2=0.415(m^2)$

清单工程量 $V=S_3\times12\times28=139.44(m^3)$

[例5.4] 项目概况:城市某桥台桩基施工,采取围堰施工方式,抽水以形成陆上施工状态。冲击钻机钻孔,桩径1 200 mm,1号台桩基为4根,每根设计桩长22.53 m,4号台桩基为4根,每根设计桩长20 m。钻入素填土、黏土层54.23 m,砾石层65.12 m,中风化的坚硬岩石层50.77 m。采用C30商品混凝土。每桩ϕ50×2.5 mm检测钢管3根(每根钢管长按桩长加0.5 m计)。钻孔泥浆运1 km废弃,每桩埋设钢护筒按2 m计。要求:计算该工程的清单工程量、定额工程量并套定额。

解 (1)根据题目内容列项并套定额,详见表5.12。

表 5.12　综合单价分析表

（适用于单价合同）

序号	项目编码	项目名称及 项目特征描述	单位	工程量	综合单价/元	综合单价/元						
						人工费	材料费	机械费	管理费	利润	增值税	其中：暂估价
1	桩 040301013001	成孔灌注桩机械成孔 1. 水中或陆上:陆上 2. 地层情况:填土、黏土层、砾石层、中风化坚硬岩石层 3. 桩径:1 200 mm 4. 成孔方法:冲击钻机钻孔	m	170.12	1 939.37	562.17	459.99	415.06	234.53	107.49	160.13	
	C3-0050	冲击式钻机钻孔 砂(黏)土 桩径 150 cm 以内	10 m^3	6.130	4 639.65	1 876.00	216.53	1 116.61	718.23	329.19	383.09	
	C3-0054	冲击式钻机钻孔 砾石、卵石 桩径 150 cm 以内	10 m^3	7.361	7 863.87	2 706.00	337.76	2 387.93	1 222.54	560.33	649.31	
	C3-0058	冲击式钻机钻孔 岩石 桩径 150 cm 以内	10 m^3	5.739	18 340.19	7 226.00	401.38	4 940.28	2 919.91	1 338.29	1 514.33	
	C3-0061 换	冲击式钻机钻孔 桩身水下混凝土{换:碎石 GD40 商品普通混凝土　C30}	10 m^3	19.683	5 272.57	393.00	3 625.36	504.68	215.44	98.74	435.35	
	C3-0021	钢护筒埋设、拆除 陆上	t	6.240	2 982.40	1 619.40	124.74	314.98	464.25	212.78	246.25	

续表

序号	项目编码	项目名称及 项目特征描述	单位	工程量	综合单价 /元	综合单价/元						
						人工费	材料费	机械费	管理费	利润	增值税	其中： 暂估价
	C3-0093 换	泥浆运输 运距 1 km 内[实际 1]	10 m^3	19.230	829.72	255.20		308.66	135.33	62.02	68.51	
2	040301011001	截桩头 1. 桩类型：泥浆护壁成孔灌注桩 2. 桩头截面、高度：ϕ1 200 mm,0.5 m 3. 混凝土强度等级：C30 4. 有无钢筋：有筋	m^3	4.52	548.94	341.60	6.37	26.72	88.40	40.52	45.33	
	C3-0092	凿除桩顶钢筋混凝土	10 m^3	0.452	5 489.31	3 416.00	63.72	267.22	883.97	405.15	453.25	
3	040301012001	声测管 1. 材质：钢管 2. 规格型号：ϕ50×2.5 mm	m	522.36	37.30	5.20	26.17	0.76	1.43	0.66	3.08	
	C3-0091	检测管埋设	10 m	52.236	372.99	52.00	261.69	7.63	14.31	6.56	30.80	

注：一般计税法的增值税为增值税销项税（各项费用的价格不包含增值税进项税额）；
简易计税法的增值税为应纳增值税（各项费用的价格包含增值税进项税额）。

(2)计算定额工程量,详见表5.13。

表5.13 分部分项工程量计算表

编号	工程量计算式	单位	标准工程量	定额工程量
桩 040301013001	成孔灌注桩机械成孔 1. 水中或陆上:陆上 2. 地层情况:填土、黏土层、砾石层、中风化坚硬岩石层 3. 桩径:1 200 mm 4. 成孔方法:冲击钻机钻孔	m	170.12	170.12
	4×22.53+4×20		170.12	
C3-0050	冲击式钻机钻孔 砂(黏)土 桩径 150 cm 以内	10 m^3	61.30	6.130
	54.23×3.14×0.6×0.6		61.30	
C3-0054	冲击式钻机钻孔 砾石、卵石 桩径 150 cm 以内	10 m^3	73.61	7.361
	65.12×3.14×0.6×0.6		73.61	
C3-0058	冲击式钻机钻孔 岩石 桩径 150 cm 以内	10 m^3	57.39	5.739
	50.77×3.14×0.6×0.6		57.39	
C3-0061 换	冲击式钻机钻孔 桩身水下混凝土{换:碎石GD40 商品普通混凝土 C30}	10 m^3	196.83	19.683
	(170.120+0.5×8)×3.14×0.6×0.6		196.83	
C3-0021	钢护筒埋设、拆除 陆上	t	6.240	6.240
	390×2×8/1 000		6.240	
C3-0093 换	泥浆运输 运距 1 km 内[实际 1]	10 m^3	192.30	19.230
	3.14×0.6×0.6×170.12		192.30	
040301011001	截桩头 1. 桩类型:泥浆护壁成孔灌注桩 2. 桩头截面、高度:ϕ1 200 mm,0.5 m 3. 混凝土强度等级:C30 4. 有无钢筋:有筋	m^3	4.52	4.52
	0.5×3.14×0.6×0.6×8		4.52	
C3-0092	凿除桩顶钢筋混凝土	10 m^3	4.52	0.452
	0.5×3.14×0.6×0.6×8		4.52	

续表

编号	工程量计算式	单位	标准工程量	定额工程量
040301012001	声测管 1.材质:钢管 2.规格型号:ϕ50×2.5 mm	m	522.36	522.36
	4×3×(22.53+0.5)+4×3×(20+0.5)		522.36	
C3-0091	检测管埋设	10 m	522.36	52.236
	4×3×(22.53+0.5)+4×3×(20+0.5)		522.36	

[**例 5.5**] 综合案例

桥梁工程设计说明

一、工程概述

本工程是××路 AK0+361.861 处的一座中桥,跨越浑水河与河道斜交 50 度,道路总宽为 30 m,因本桥处于交叉口范围,考虑到路口加宽需要,因此,桥梁总宽为 32.25 m。考虑到水利排洪需要,采用 13 m+20 m+13 m 三跨标准跨桥面板,桥梁总长为 46 m,桥面板最低高程为 113.29 m,比水利要求的设计洪水位 112.79 m 高出 0.5 m。本工程与公园南一路同步实施。

桥幅组成:32.25 m=南侧 5.5 m(人行道+绿道+绿化带)+20.0 m~21.0 m(行车道)+北侧 6.75~5.75 m(绿化带+绿道+人行道)。

二、设计原则和技术标准

1)设计原则

尽量少占用浑水河河道,最低梁底标高(113.29 m)高于 20 年一遇洪水位标高(112.79 m)0.5 m。上部结构采用预制空心板加快施工进度。下部采用圆柱形灌注桩,同时各段桥梁桩基在同一直线上以减少水流阻力。为减少造价,尽量减少桥梁总长度。人行道设计考虑将来可能作为观景桥而增加人行设计荷载处理。

2)设计规范及参考资料

①《公路桥涵设计通用规范》(JTG D60—2015)。

②《公路钢筋混凝土及预应力混凝土桥涵设计规范》(JTG 3362—2018)。

③《公路桥涵地基与基础设计规范》(JTG 3363—2019)。

④《混凝土结构耐久性设计与施工指南》(CCES 01—2004)。

⑤《城市人行天桥与人行地道技术规范》(CJJ 69—1995)。

⑥《公路桥梁板式橡胶支座》(JT/T 4—2019)。

⑦《桥梁用结构钢》(GB/T 714—2015)。

⑧《城市桥梁设计规范(2019 年版)》(CJJ 11—2011)。

⑨《城市桥梁抗震设计规范》(CJJ 166—2011)。

⑩《公路桥梁预应力钢绞线用锚具、夹具和连接器》(JT/T 329—2010)。

⑪《公路桥涵施工技术规范》(JTG/T 3650—2020)。

⑫《城市桥梁工程施工与质量验收规范》(CJJ 2—2008)。

⑬《公路工程结构可靠度设计统一标准》(GB/T 50283—1999)。

⑭《钢筋混凝土用钢 第2部分:热轧带肋钢筋》(GB 1499.2—2018)。

⑮《公路桥梁抗风设计规范》(JTG/T 3360-01—2018)。

⑯《城市桥梁桥面防水工程技术规程》(CJJ 139—2010)。

3)技术标准及设计指标

①道路等级:主干道:城市主干道。

②设计荷载:汽车荷载:城-A级;

人群荷载:主桥人行道 5 kN/m^2。

栏杆立柱顶上水平推力:0.75 kN/m,扶手上竖向力标准值:1.0 kN/m。

③设计车速: 主干道:60 km/h。

④20年一遇设计洪水位标高:112.79 m(要求梁底高于该洪水位标高0.5 m)(113.29 m)。

⑤桥梁净空:桥梁梁底高于设计洪水位0.5 m。

⑥坐标系统:1954北京坐标系;高程系统:1985国家高程基准。

⑦桥梁结构的设计使用年限:100年。

⑧抗震设防标准:基本烈度7度,设防烈度为8度,地震峰值加速度值为0.1g(g为重力加速度),重要性修正系数1.1。

⑨桥梁结构的设计安全等级:一级。

⑩桥面行车道横坡为2.0%,人行道横坡为1.0%。桥梁纵坡为0.647%。

⑪桥梁线形标准:与道路在同一平面上,同一线形,同一纵坡,满足城市道路设计规范要求(详见道路设计总说明)。

三、桥梁工程设计

1)总体设计

本桥梁是××路AK0+361.861处的一座中桥,跨越浑水河并与河道斜交50°,桥梁总宽为32.25 m。考虑到水利排洪需要,采用13 m+20 m+13 m三跨标准跨桥面板,桥梁总长为46 m,桥面板板底最低高程为113.29 m,比水利要求的设计洪水位112.79 m高出0.5 m。下部基础采用水下钢筋混凝土灌注桩。桥面采用10 cm厚钢筋混凝土防水层,桥头两边各设长6 m的桥头搭板,人行道栏杆为景观式栏杆,桥墩及桥台的桥面接缝采用桥面连续和设置桥梁伸缩缝处理。

2)主桥工程

(1)上部结构设计

桥梁采用13 m+20 m+13 m标准跨径三跨预应力空心板结构,其中L=13 m跨径桥面板厚度h=85 cm,宽度b=125 cm;L=20 m跨径桥面板厚度h=95 cm,宽度b=125 cm。栏杆采用人行道景观式样栏杆,人行道侧石高h=30 cm,防止或减少机动车冲上人行道,保证行人安全。

(2)下部结构设计

桥台处采用单排六桩D=120 cm钢筋混凝土灌注桩基础,桩顶设帽梁。桥墩处采用单排六柱(桩径D=150 cm,柱径D=120 cm)钢筋混凝土灌注桩基础,柱顶设盖梁。全桥共有D=120 cm桩基12根,D=150 cm桩基12根,所有灌注桩设计为端承桩,至少进入中风化层岩层3 m。

(3)桥面铺装层设计

桥面板上设一层 10 cm 厚的桥面铺装防水层。在桥面板上先摊铺好混凝土砂浆调平层后涂抹 5 mm 厚 YN 聚合物沥青防水涂料(其厚度已计算进 10 cm 厚的桥面铺装层内)后再摊铺钢筋混凝土层,在桥墩桥面板连接缝处设桥面连续。

(4)其他构造物设计

桥台两端各设长 6 m、宽 32.25 m、40 cm 厚 C30 钢筋混凝土搭板,以减少车辆上下桥时的跳车。最大限度减少路基边缘处挡土墙后的路基填土产生下沉的影响。在桥台处设伸缩缝装置。

(5)环境与景观设计

桥梁人行道外侧边设钢筋混凝土装饰栏杆。

四、附属工程

1)安全设施设计

全桥均在人行道外侧设置安全护栏,人行道与行车道之间设 30 cm 高差的路侧石防止汽车冲上人行道上。

2)排水工程设计

人行道下设排水设施,桥面水通过间隔 10 m 的一排三管(*DN*10 cm)的横向排水管流到浑水河里,全桥共设六道。

五、桥梁耐久性设计

提高桥梁结构的耐久性主要是全方位防水和防冻及防止钢筋防锈蚀等。本工程桥梁主要是做好防水设计来提高桥梁结构的那就性。本设计具体采用的措施包括如下:

1)足够的钢筋保护层设计

要求各桩基的钢筋净保护层不少于 5 cm,桥面板顶层受力钢筋净保护层不少于 3.5 cm,底层受力钢筋不少于 3.5 cm,桥台帽梁受力保护层不少于 3.5 cm。

2)桥台梁面的排水设计

在背墙脚设导流槽(10% 纵向坡度),避免积水对支座和帽梁的渗蚀。

3)桥面排水防水设计

桥面上加 10 cm 厚防水钢筋混凝土桥面铺装,并喷涂 5 mm 厚 YN 聚合物桥面沥青防水涂料。

4)采用厂拌高性能混凝土

要求加入比水泥颗粒小约 100 倍的胶凝材料如微硅粉或优质粉煤灰,并采用高效减水剂使混凝土可以采用较低的水灰比以及良好的养护条件。其结果是减小了骨料与胶凝材料间的间隙,使其黏结强度提高,在混凝土整体强度提高的同时,密实度增加,混凝土自身抗渗性提高,从而可大大提高混凝土的耐久性。拌和场在进行配比试验时应有监理全程跟进,并应得到设计单位认可后方可批量生产。

5)钢筋加处理

要求钢筋加入钢筋阻锈剂,一方面推迟了钢筋开始生锈的时间,另一方面,减缓了钢筋腐蚀发展的速度。

6)桥面边板

翼缘板下必须要做滴水槽,且边板外侧(包括翼缘板外侧和下面)涂两遍防水墙漆,颜色与栏杆涂漆相同。

7)对桩基露出地面部分涂刷防水墙漆。

六、设计要点

1)桥梁结构体系

为简支结构,按部分预应力 A 类构件设计。设计计算采用平面杆系结构计算软件计算,桥面层参与结构受力,荷载横向分布系数按铰接板法计算,并采用空间结构计算软件校核。

2)设计参数

①混凝土:重力密度 $\gamma=26.0\ kN/m^3$,弹性模量为 $E=3.45\times104$ MPa。

②预应力钢筋:弹性模量 $E_p=1.95\times105$ MPa,松弛率 $\rho=0.035$,松弛系数 $\xi=0.3$。

③锚具:锚具变形、钢筋回缩按 6 mm(一端)计算。

④竖向梯度温度效应:按《公路钢筋混凝土及预应力混凝土桥涵设计规范》(JTG 3362—2018)规定取值。

七、主要材料

1)混凝土

(1)水泥

应使用高品质的强度等级为 62.5、52.5 和 42.5 的硅酸盐水泥,同一座桥的板梁、台帽、盖梁、台身、承台、扩大基础、桥面铺装等主要部位应采用同一品种水泥。

(2)粗骨料

应采用连续级配,碎石宜采用锤击式破碎生产。碎石最大粒径不宜超过 20 cm,以防混凝土浇筑困难或振捣不密实。上层沥青混凝土采用玄武岩,下层采用辉绿岩或石灰岩。

(3)混凝土

支座垫石采用 C50;预应力空心板、铰缝、湿连接、桥面防水层铺装、桥面板封端采用 C40;桥台采用 C30;桩基础采用 C25 水下混凝土。铰缝混凝土可选择抗裂、抗剪、韧性好的钢纤维混凝土。

2)普通钢筋

普通钢筋采用 HPB300 和 HRB400 钢筋,钢筋应符合《钢筋混凝土用钢 第 2 部分:热轧带肋钢筋》(GB/T 1499.2—2018)和《钢筋混凝土用钢 第 1 部分:热轧光圆钢筋》(GB/T 1499.1—2017)的规定。

设计图中 HPB300 钢筋主要采用了直径为 $d=8$ mm、$d=10$ mm 和 $d=25$ mm 两种规格;HRB400 钢筋采用了直径为 $d=12$、16、20、22、28、30 五种规格。

3)预应力钢筋

采用抗拉强度标准值为 $f_{pk}=1\ 860$ MPa,公称直径 $d=12.7$ mm 的低松弛高强度钢绞线,其力学性能指标应符合《预应力混凝土用钢绞线》(GB/T 5224—2014)的规定。

4)其他材料

①钢板。采用 Q335-B 钢,所有钢板技术标准必须符合《碳素结构钢》(GB/T 700—2006)的规定,选用的焊接材料应符合《非合金钢及细晶粒钢焊条》(GB/T 5117—2012)和《热强钢焊条》(GB/T 5118—2012)的要求,并与所采用的钢材材质和强度相适应。

②锚具。采用 BJM15-3 型和 BJM15-4 型系列锚具及其配件。

③支座。采用氯丁橡胶支座,其材料和力学性能均应符合现行国家和行业标准的规定。

解 该工程工程量清单综合单价分析表详见表 5.14。

表 5.14 综合单价分析表

（适用于单价合同）

工程名称：××桥梁工程

序号	项目编码	项目名称及项目特征描述	单位	工程量	综合单价/元	综合单价/元						
						人工费	材料费	机械费	管理费	利润	增值税	其中：暂估价
		分部分项工程										
		桥涵工程										
1	040301012001	声测管 1. 材质：钢管 2. 规格型号：ϕ55 3. 要求：每根桩沿钢筋内侧均匀安放 3 根 ϕ55 声测管	m	738.00	37.30	5.20	26.17	0.76	1.43	0.66	3.08	
	C3-0091	检测管埋设	10 m	73.800	372.99	52.00	261.69	7.63	14.31	6.56	30.80	
2	桂 040301013001	成孔灌注桩机械成孔（水中） 1. 水中或陆上：水中 2. 地层情况：详见施工图纸 3. 桩径：1 500 mm 4. 成孔方法：机械钻孔 5. 钢护筒埋设深度：详见施工图纸 6. 入岩深度：详见施工图 7. 含钢护筒埋设、桩身成孔、入岩 8. 部位：2#、3 #桥墩处（此位置桩基处于水位范围内）	m^3	138.07	2 726.48	734.89	701.26	598.52	320.02	146.67	225.12	

	C3-0023	水上钢护筒埋设 水深≤5 m	t	18.948	10 661.65	2 718.80	4 971.15	844.30	855.14	391.94	880.32	
	C3-0029	回旋钻机钻孔 孔深 30 m 以内,桩径 150 cm 以内 砂(黏)土	10 m^3	5.892	5 918.53	1 597.00	144.20	2 318.29	939.67	430.68	488.69	
	C3-0045	回旋钻机钻孔 孔深 50 m 以内,桩径 150 cm 以内 岩石	10 m^3	7.915	17 631.98	5 122.00	224.86	6 693.76	2 835.78	1 299.73	1 455.85	
3	桂 040301013002	成孔灌注桩机械成孔(陆上) 1. 水中或陆上:陆上 2. 地层情况:详见施工图纸 3. 桩径:1 200 mm 4. 成孔方法:机械钻孔 5. 钢护筒埋设深度:详见施工图纸 6. 入岩深度:详见施工图 7. 含钢护筒埋设、桩身成孔、入岩 8. 部位:1#、4 #桥墩处(此位置桩基处于水位范围内)	m^3	116.33	1 639.55	597.05	39.26	488.07	260.43	119.36	135.38	
	C3-0021	钢护筒埋设、拆除 陆上	t	19.678	2 983.43	1 619.40	124.74	315.67	464.42	212.86	246.34	
	C3-0029	回旋钻机钻孔 孔深 30 m 以内,桩径 150 cm 以内 砂(黏)土	10 m^3	6.240	5 918.53	1 597.00	144.20	2 318.29	939.67	430.68	488.69	
	C3-0045	回旋钻机钻孔 孔深 50 m 以内,桩径 150 cm 以内 岩石	10 m^3	5.393	17 631.98	5 122.00	224.86	6 693.76	2 835.78	1 299.73	1 455.85	

续表

序号	项目编码	项目名称及 项目特征描述	单位	工程量	综合单价/元	综合单价/元						
						人工费	材料费	机械费	管理费	利润	增值税	其中：暂估价
4	桂 040301014001	机械成孔灌注桩桩芯混凝土 1. 桩类型:机械钻孔灌注桩 2. 桩截面:见施工图纸 3. 混凝土种类、强度等级:C25 水下商品混凝土(泵送)	m^3	345.05	595.88	42.66	374.59	84.44	30.82	14.17	49.20	
	C3-0048 换	回旋钻机钻孔 桩身水下混凝土{换:碎石 GD40 商品水下混凝土 C25}	10 m^3	34.505	5 728.59	393.00	3 625.36	814.58	289.82	132.83	473.00	
	C1-0454 换	混凝土输送 高度 40 m 以内 输送泵{换:碎石 GD40 商品水下混凝土 C25}	100 m^3	3.450 5	2 302.83	336.00	1 205.58	298.34	183.96	88.81	190.14	
5	桂 040301015001	泥浆运输 运距:暂定 3 km	m^3	254.40	102.65	25.52		44.24	16.74	7.67	8.48	
	C3-0093 换	泥浆运输 运距 1 km 内[实际 3]	10 m^3	25.440	1 026.45	255.20		442.36	167.41	76.73	84.75	
6	010301004001	截(凿)桩头 1. 桩类型:灌注桩 2. 桩头截面、高度:0.5 m 3. 有无钢筋:有	m^3	13.56	548.93	341.60	6.37	26.72	88.40	40.51	45.33	
	C3-0092	凿除桩顶钢筋混凝土	10 m^3	1.356	5 489.31	3 416.00	63.72	267.22	883.97	405.15	453.25	

7	040303004001	混凝土台帽 1. 部位:桥台帽梁 2. 混凝土种类、强度等级:C30 细石商品混凝土(泵送) 3. 含模板制安、混凝土浇捣等工序	m^3	159.60	761.55	199.35	326.99	48.73	84.03	39.57	62.88	
	C3-0128 换	台盖梁 混凝土{换:碎石 GD20 商品普通混凝土 C30}	10 m^3	15.960	4 944.56	820.00	2 790.98	343.54	395.60	186.17	408.27	
	C3-0129	台盖梁 模板	10 m^2	32.604	1 194.74	558.00	175.44	55.77	208.68	98.20	98.65	
	C1-0454 换	混凝土输送 高度 40 m 以内输送泵{换:碎石 GD40 商品普通混凝土 C30}	100 m^3	1.596 0	2 302.83	336.00	1 205.58	298.34	183.96	88.81	190.14	
8	040303005001	混凝土耳墙、背墙 1. 部位:耳墙、背墙 2. 混凝土种类、强度等级:C30 细石商品混凝土(泵送) 3. 含模板制安、混凝土浇捣等工序	m^3	52.96	881.37	240.19	375.88	48.58	97.87	46.08	72.77	
	C3-0124 换	台帽 混凝土{换:碎石 GD40 商品普通混凝土 C30}	10 m^3	5.296	4 471.19	636.00	2 793.20	236.54	296.66	139.61	369.18	
	C3-0125	台帽 模板	10 m^2	22.653	961.41	405.00	197.56	51.31	155.15	73.01	79.38	

续表

序号	项目编码	项目名称及 项目特征描述	单位	工程量	综合单价/元	综合单价/元						
						人工费	材料费	机械费	管理费	利润	增值税	其中：暂估价
	C1-0454 换	混凝土输送 高度 40 m 以内输送泵{换:碎石 GD40 商品普通混凝土 C30}	100 m^3	0.529 6	2 302.83	336.00	1 205.58	298.34	183.96	88.81	190.14	
9	040303007001	混凝土桥墩盖梁 1. 部位:桥墩盖梁 2. 混凝土种类、强度等级:C30 细石商品混凝土(泵送) 3. 含模板制安、混凝土浇捣等工序	m^3	195.00	746.54	190.06	322.49	51.84	81.93	38.58	61.64	
	C3-0126 换	墩盖梁 混凝土{换:碎石 GD40 商品普通混凝土 C30}	10 m^3	19.500	4 989.99	848.00	2 790.66	343.54	405.12	190.65	412.02	
	C3-0127	墩盖梁 模板	10 m^2	37.848	1 156.74	525.00	161.62	74.74	203.91	95.96	95.51	
	C1-0454 换	混凝土输送 高度 40 m 以内输送泵{换:碎石 GD40 商品普通混凝土 C30}	100 m^3	1.950 0	2 302.83	336.00	1 205.58	298.34	183.96	88.81	190.14	
10	040303024001	混凝土支座垫石 1. 部位:支座垫石 2. 混凝土种类、强度等级:C50 细石商品混凝土(泵送) 3. 含模板制安、混凝土浇捣等工序	m^3	3.94	2 470.09	1 023.90	553.52	118.14	387.98	182.60	203.95	

	C3-0142 换	拱上构件 混凝土｛换:碎石 GD40　商品普通混凝土 C50｝	10 m^3	0.394	7 971.92	2 068.00	3 241.59	646.73	923.01	434.36	658.23	
	C3-0143	拱上构件 模板	10 m^2	3.319	1 957.78	966.00	257.23	59.93	348.82	164.15	161.65	
	C1-0454 换	混凝土输送 高度 40 m 以内 输送泵｛换:碎石 GD40　商品普通混凝土　C50｝	100 m^3	0.039 4	2 369.49	336.00	1 266.73	298.34	183.96	88.81	195.65	
11	040303013001	预应力钢筋混凝土空心板制作、安装 1. 结构形式:预应力混凝土空心板(预制) 2. 混凝土种类、强度等级:C50 细石商品混凝土 3. 安装方式:设吊孔穿钢束兜板底加扁担式吊装 4. 预制构件运距:暂按 3 km 考虑 5. 包含预制构件模板制安、构件浇捣、运输、安装等工序	m^3	512.27	1 453.29	436.91	460.71	144.81	197.79	93.07	120.00	
	C3-0226 换	预制混凝土梁 空心板梁(预应力) 混凝土｛换:碎石 GD40　商品普通混凝土 C50｝	10 m^3	51.227	4 501.19	496.00	3 238.68	97.90	201.93	95.02	371.66	
	C3-0227	预制混凝土梁 空心板梁(预应力)模板	10 m^2	366.311	1 106.90	442.00	190.08	108.28	187.10	88.04	91.40	
	C3-0242	单导梁安装 空心板梁 $L \leq$ 20 m	10 m^3	50.972	1 673.59	700.00		323.60	348.02	163.78	138.19	

续表

序号	项目编码	项目名称及 项目特征描述	单位	工程量	综合单价/元	综合单价/元						
						人工费	材料费	机械费	管理费	利润	增值税	其中：暂估价
	C3-0333 换	平板车运输 1 km 以内 起重机装车 构件质量(t) 40 以内[实际 3]	100 m^3	5.117 6	4 517.58	160.00	91.99	2 541.72	918.58	432.28	373.01	
12	040303024002	湿接缝(桥面板湿连接) 1. 混凝土种类、强度等级：C40 细石商品混凝土(泵送) 2. 包含模板制安、混凝土浇捣等工序	m^3	75.45	942.40	265.63	378.80	58.52	109.90	51.74	77.81	
	C3-0153 换	矩形实体板 混凝土{换：碎石 GD40 商品普通混凝土 C40}	10 m^3	7.545	4 752.62	645.00	3 011.14	254.37	305.79	143.90	392.42	
	C3-0154	矩形实体板 模板	10 m^2	41.916	798.82	356.00	117.59	54.18	139.46	65.63	65.96	
	C1-0454 换	混凝土输送 高度 40 m 以内 输送泵{换：碎石 GD40 商品普通混凝土 C40}	100 m^3	0.754 5	2 336.15	336.00	1 236.15	298.34	183.96	88.81	192.89	
13	040306007001	铰缝 1. 混凝土种类、强度等级：C50 商品混凝土(泵送) 2. 底缝砂浆：M15 水泥砂浆	m	64.50	58.78	17.26	20.87	4.80	7.48	3.52	4.85	

	C3-0286 换	梁与梁接头（横隔板、湿接缝、端横梁）混凝土｛换：碎石 GD40　商品普通混凝土　C50｝	10 m^3	0.400	8 092.84	2 056.10	3 225.55	743.28	951.79	447.90	668.22	
	C3-0295	板梁底 砂浆勾缝	100 m	0.645 0	711.89	430.00	8.02	0.06	146.22	68.81	58.78	
	C1-0454 换	混凝土输送 高度 40 m 以内输送泵｛换：碎石 GD40　商品普通混凝土　C50｝	100 m^3	0.040 0	2 369.49	336.00	1 266.73	298.34	183.96	88.81	195.65	
14	040303020001	混凝土桥头搭板 1. 混凝土种类、强度等级：40 厚 C30 细石商品混凝土（泵送） 2. 包含模板制安、混凝土浇捣等工序	m^3	154.80	694.95	187.38	350.38	4.38	64.88	30.55	57.38	
	C3-0170 换	现浇桥头搭板 混凝土｛换：碎石 GD40　商品普通混凝土　C30｝	10 m^3	15.480	4 175.01	686.00	2 794.25	4.69	234.83	110.51	344.73	
	C3-0171	现浇桥头搭板 模板	10 m^2	42.240	932.43	423.00	215.84	3.40	144.98	68.22	76.99	
	C1-0454 换	混凝土输送 高度 40 m 以内输送泵｛换：碎石 GD40　商品普通混凝土　C30｝	100 m^3	1.548 0	2 302.83	336.00	1 205.58	298.34	183.96	88.81	190.14	

续表

序号	项目编码	项目名称及 项目特征描述	单位	工程量	综合单价/元	综合单价/元						
						人工费	材料费	机械费	管理费	利润	增值税	其中：暂估价
15	040303021001	混凝土搭板枕梁 1. 混凝土种类、强度等级：C30 细石商品混凝土（泵送） 2. 包含模板制安、混凝土浇捣等工序	m^3	11.61	649.36	191.03	302.59	4.70	66.23	31.19	53.62	
	C3-0172 换	枕梁 混凝土{换:碎石 GD40 商品普通混凝土 C30}	10 m^3	1.161	3 947.41	550.00	2 789.45	4.69	188.59	88.75	325.93	
	C3-0173	枕梁 模板	10 m^2	3.870	694.76	398.00	34.78	3.74	136.59	64.28	57.37	
	C1-0454 换	混凝土输送 高度 40 m 以内 输送泵{换:碎石 GD40 商品普通混凝土 C30}	100 m^3	0.116 1	2 302.83	336.00	1 205.58	298.34	183.96	88.81	190.14	
16	040303024003	桥面混凝土铺装（整体化层） 1. 混凝土种类、强度等级：C40 细石商品混凝土（泵送） 2. 包含模板制安、混凝土浇捣等工序 3. 厚度:10 cm	m^3	148.35	498.57	72.92	329.18	12.85	28.85	13.60	41.17	

	C3-0169 换	桥面混凝土铺装 车行道{换:碎石 GD40 商品普通混凝土 C40}	10 m^3	14.835	4 752.03	695.60	3 168.21	98.70	270.06	127.09	392.37	
	C1-0454 换	混凝土输送 高度 40 m 以内输送泵{换:碎石 GD40 商品普通混凝土 C40}	100 m^3	1.483 5	2 336.15	336.00	1 236.15	298.34	183.96	88.81	192.89	
17	040303024004	现浇混凝土人行道板 1. 混凝土种类、强度等级:C30 细石商品混凝土 2. 包含模板制安、混凝土浇捣等工序	m^3	43.24	443.51	68.96	298.71	3.46	24.30	11.46	36.62	
	C3-0168 换	桥面混凝土铺装 人行道{换:碎石 GD40 商品普通混凝土 C30}	10 m^3	4.324	4 201.56	656.00	2 863.53	4.74	224.65	105.72	346.92	
	C1-0454 换	混凝土输送 高度 40 m 以内输送泵{换:碎石 GD40 商品普通混凝土 C40}	100 m^3	0.432 4	2 336.15	336.00	1 236.15	298.34	183.96	88.81	192.89	
18	040303024005	现浇混凝土人行道板基座 1. 混凝土种类、强度等级:C30 细石商品混凝土 2. 包含模板制安、混凝土浇捣等工序	m^3	69.4	950.72	330.00	369.39	5.22	113.97	53.64	78.50	
	C3-0164 换	地梁、侧石、缘石 混凝土{换:碎石 GD40 商品普通混凝土 C30}	10 m^3	6.940	5 134.72	1 243.00	2 838.92	4.89	424.28	199.66	423.97	
	C3-0165	地梁、侧石、缘石 模板	10 m^2	40.213	754.61	355.00	147.56	8.16	123.47	58.11	62.31	

续表

序号	项目编码	项目名称及项目特征描述	单位	工程量	综合单价/元	综合单价/元						
						人工费	材料费	机械费	管理费	利润	增值税	其中：暂估价
19	040303024006	混凝土栏杆立柱 1. 混凝土种类、强度等级：C30 细石商品混凝土 2. 部位：栏杆立柱	m^3	3.12	4 175.30	2 060.20	715.67	16.39	706.04	332.25	344.75	
	C3-0162 换	立柱、端柱、灯柱 混凝土{换：碎石 GD40 商品普通混凝土 C30}	10 m^3	0.312	6 960.42	2 362.00	2 835.08	5.09	804.81	378.73	574.71	
	C3-0163	立柱、端柱、灯柱 模板	10 m^2	6.240	1 739.63	912.00	216.08	7.94	312.78	147.19	143.64	
20	040309001001	钢栏杆制作、安装 1. 型钢材质、规格：ϕ100 mm×6 mm（壁厚）、ϕ80 mm×4 mm（壁厚）钢管等（具体见施工图纸） 2. 油漆品种、工艺要求：钢构件表面涂刷防锈漆	m	84.17	473.57	149.31	194.66	10.75	54.22	25.53	39.10	
	C3-0495	钢管栏杆 制作、安装	t	3.447	11 337.73	3 548.10	4 685.65	262.53	1 295.61	609.70	936.14	
	C2-0173	红丹防锈漆一遍	t	3.447	225.96	97.70	67.59		28.33	13.68	18.66	
21	040305003001	浆砌挡土墙 1. 部位：桥台处挡墙 2. 材料品种、规格：暂定为 Mu30 块石 3. 砂浆强度等级：暂定为 M10 水泥砂浆	m^3	477.16	408.15	128.00	160.02	21.95	43.49	20.99	33.70	

	C1-0161	挡土墙 块石	10 m³	47.716	4 081.55	1 280.00	1 600.23	219.52	434.86	209.93	337.01
22	040309009001	桥面泄水管 1. 材料品种:PVC 塑料管 2. 管径:ϕ100	m	191.00	82.85	30.10	30.86		10.23	4.82	6.84
	C3-0538 换	泄水孔 塑料管安装	10 m	19.100	828.51	301.00	308.60		102.34	48.16	68.41
23	040309009002	ϕ10 半圆 PVC 水槽 1. 材料品种:PVC 塑料管 2. 管径:ϕ10	m	193.50	82.85	30.10	30.86		10.23	4.82	6.84
	C3-0538 换	泄水孔 塑料管安装	10 m	19.350	828.51	301.00	308.60		102.34	48.16	68.41
24	040309004001	氯丁橡胶支座 1. 材质:氯丁橡胶 2. 规格、型号:200 mm(长)×150 mm(宽)×30 mm(厚)	个	228	124.93	18.00	87.62		6.12	2.88	10.31
	C3-0499 换	四氟板式橡胶支座安装	dm³	205.20	138.81	20.00	97.35		6.80	3.20	11.46
25	040309007001	桥梁伸缩装置 1. 规格、型号:弹性填充材料 2. 伸缩缝预留槽填料:沥青玛蹄脂灌缝 3. 含伸缩缝安装、预留槽填充混凝土等工序	m	64.50	81.67	22.10	41.78		7.51	3.54	6.74
	C3-0530	伸缩缝 镀锌铁皮沥青玛蹄脂	10 m	6.450	816.75	221.00	417.81		75.14	35.36	67.44
26	040309009003	压浆波纹管道 $D56$ 压浆管材质、规格:塑料波纹管 $D56$	m	1 164.00	17.98	6.91	6.13		2.35	1.11	1.48
	C3-0386 换	压浆管道 波纹管 $D56$	100 m	11.640 0	1 798.10	691.00	613.13		234.94	110.56	148.47

续表

序号	项目编码	项目名称及 项目特征描述	单位	工程量	综合单价/元	综合单价/元						
						人工费	材料费	机械费	管理费	利润	增值税	其中：暂估价
27	040309009004	压浆波纹管道 *D67* 压浆管材质、规格：塑料波纹管 *D67*	m	1 312.80	17.98	6.91	6.13		2.35	1.11	1.48	
	C3-0386 换	压浆管道 波纹管 *D67*	100 m	13.128 0	1 798.10	691.00	613.13		234.94	110.56	148.47	
28	040309009005	压浆波纹管道 *D77* 压浆管材质、规格：塑料波纹管 *D77*	m	154.00	17.98	6.91	6.13		2.35	1.11	1.48	
	C3-0386 换	压浆管道 波纹管 *D77*	100 m	1.540 0	1 798.10	691.00	613.13		234.94	110.56	148.47	
29	040303024007	预应力管道压浆 1. 浆体、工艺要求：C50 水泥浆，要求饱满 2. C50 水泥浆配合比（每立方）：42.5 MPa 水泥（1357 kg）：水（570 kg）：高效膨胀剂（122 kg）：高效减水剂（29.9 kg）	m^3	6.59	2 143.74	817.95	687.08	35.15	290.05	136.50	177.01	
	C3-0388 换	压浆	10 m^3	0.659	21 437.36	8 179.50	6 870.81	351.49	2 900.54	1 364.96	1 770.06	
30	040309010001	FYT-1 改进型桥面防水层 1. 部位：桥面整体铺装	m^2	1 483.50	36.90	3.18	29.08		1.08	0.51	3.05	
	C3-0540	桥面防水层 一层油毡	100 m^2	14.835 0	243.51	30.00	178.40		10.20	4.80	20.11	
	C3-0542 换	桥面防水层 FYT-1 改进型防水层	100 m^2	14.835 0	3 446.25	288.00	2 729.70		97.92	46.08	284.55	

31	040309008001	混凝土面凿毛 1. 凿毛部位：在预制空心板顶面、锚固端面、铰缝面凿毛 2. 要求：新旧混凝土结合面凿成凹凸不小于 6 mm 的粗糙面，100 mm×100 mm 面积中不少于 1 个点	m^2	2 257.75	15.51	9.95			2.89	1.39	1.28	
	A10-95	混凝土面凿毛 星点	100 m^2	22.577 5	1 551.24	995.22			288.61	139.33	128.08	
		钢筋工程										
32	040901001001	非预应力钢筋制作、安装 ϕ10 以内 1. 钢筋种类：圆钢 HPB300 2. 钢筋规格：Φ10 以内	t	22.981	5 767.47	950.00	3 820.86	30.27	333.29	156.84	476.21	
	C3-0358 换	钢筋制作、安装 Φ10 以内	t	22.981	5 767.47	950.00	3 820.86	30.27	333.29	156.84	476.21	
33	040901001002	非预应力钢筋制作、安装 Φ10 以上 1. 钢筋种类：圆钢 HPB300 2. 钢筋规格：Φ10 以上	t	0.1	6 128.90	820.00	4 310.40	54.90	297.50	140.00	506.10	
	C3-0359 换	钢筋制作、安装 Φ10 以上	t	0.100	6 128.81	820.00	4 310.44	54.88	297.46	139.98	506.05	
34	040901001003	非预应力钢筋制作、安装 ⏀10 以内 1. 钢筋种类：螺纹钢筋 HRB400 2. 钢筋规格：⏀10 以内	t	47.243	6 018.34	950.00	4 051.01	30.27	333.29	156.84	496.93	

续表

序号	项目编码	项目名称及 项目特征描述	单位	工程量	综合单价/元	综合单价/元						
						人工费	材料费	机械费	管理费	利润	增值税	其中：暂估价
	C3-0358 换	钢筋制作、安装 ⌀10 以内	t	47.243	6 018.34	950.00	4 051.01	30.27	333.29	156.84	496.93	
35	040901001004	非预应力钢筋制作、安装 ⌀10 以上 1. 钢筋种类：螺纹钢筋 HRB400 2. 钢筋规格：⌀10 以上	t	270.102	5 867.16	820.00	4 070.40	54.88	297.46	139.98	484.44	
	C3-0359 换	钢筋制作、安装 ⌀10 以上	t	270.102	5 867.16	820.00	4 070.40	54.88	297.46	139.98	484.44	
36	040901004001	桩钢筋笼制作、安装 ⌀10 以内 1. 钢筋种类：圆钢 HPB300 2. 钢筋规格：⌀10 以内	t	2.158	6 562.54	750.00	4 305.56	393.41	388.76	182.95	541.86	
	C3-0360 换	钢筋制作、安装 钻(挖)孔桩钢筋笼 焊接连接	t	2.158	6 562.54	750.00	4 305.56	393.41	388.76	182.95	541.86	
37	040901004002	桩钢筋笼制作、安装 ⌀10 以上 1. 钢筋种类：螺纹钢筋 HRB400 2. 钢筋规格：⌀10 以上	t	29.572	6 596.00	750.00	4 336.26	393.41	388.76	182.95	544.62	
	C3-0360 换	钢筋制作、安装 钻(挖)孔桩钢筋笼 焊接连接	t	29.572	6 596.00	750.00	4 336.26	393.41	388.76	182.95	544.62	

38	040901006001	后张法预应力钢绞线 1. 预应力筋种类:钢绞线 2. 预应力筋规格:$\Phi^{S}15.2$	t	14.410	9 080.38	1 907.00	4 876.45	395.78	782.95	368.44	749.76	
	C3-0378	后张法预应力钢绞线 OVM 锚 束长 20 m 内 7 孔内	t	14.410	9 080.38	1 907.00	4 876.45	395.78	782.95	368.44	749.76	
39	040901006002	预应力锚具 YZM15-4 锚具种类、规格:YZM15-4	套	120	186.32		170.94				15.38	
	B-换	钢绞线群锚(4 孔) YZM15-4	套	120	186.32		170.94				15.38	
40	040901006003	预应力锚具 YZM15-5 锚具种类、规格:YZM15-5	套	136	186.32		170.94				15.38	
	B-换	钢绞线群锚(5 孔) YZM15-5	套	136	186.32		170.94				15.38	
41	040901006004	预应力锚具 YZM15-6 锚具种类、规格:YZM15-6	套	16	186.32		170.94				15.38	
	B-换	钢绞线群锚(6 孔) YZM15-6	套	16	186.32		170.94				15.38	
42	040901009001	预埋铁件 1. 材料种类:Q335B 钢板、钢筋 2. 部位:桥台支座预埋件	t	1.381	10 256.45	2 197.50	6 056.92	37.61	759.94	357.62	846.86	
	C3-0356	铁件预埋 成品铁件预埋	t	1.381	10 256.45	2 197.50	6 056.92	37.61	759.94	357.62	846.86	
43	040901010001	防震锚栓 1. 材料规格:Φ28 锚栓、$D70$ 钢套筒 2. 筒内填塞沥青膏 3. 锚栓位于梁板理论支承线与铰缝中心线相交处	套	16	273.53	80.75	120.41	6.27	29.59	13.92	22.59	
	C3-0357	铁件预埋 一般铁件预埋	t	0.310	13 850.60	4 167.50	5 970.08	323.76	1 527.03	718.60	1 143.63	

续表

序号	项目编码	项目名称及项目特征描述	单位	工程量	综合单价/元	综合单价/元						
						人工费	材料费	机械费	管理费	利润	增值税	其中：暂估价
	B-换	填沥青软膏	m^3	0.02	4 133.39		3 792.10				341.29	
		拆除工程										
44	041001007001	拆除浆砌石挡墙 1. 部位:桥台处石挡墙 2. 拆除方式:机械破碎拆除	m^3	447.16	138.69	7.14		81.84	25.80	12.46	11.45	
	C1-0438	拆除混凝土构筑物 岩石破碎机拆除 石砌体	10 m^3	44.716	1 386.92	71.40		818.39	258.04	124.57	114.52	
		单价措施项目										
	041102	支架										
45	041102039001	水上工作平台 1. 位置:2#,3#桥墩处(此位置桩基处于现状水位范围内) 2. 类型:浮箱平台 3. 含平台搭设、拆除、材料回程运输等 4. 平台搭设范围按桩基尺寸及工作范围综合考虑(参考施工组织设计)	个	2	4 378.52	1 894.00	807.83	245.44	727.41	342.31	361.53	
	C3-0564	浮箱工作平台	10 个	0.2	43 785.11	18 940.00	8 078.32	2 454.34	7 274.08	3 423.09	3 615.28	
	041103	围堰										

46	桂 041103003001	土袋围堰 1. 围堰类型：土袋围堰 2. 围堰高度：详见施工图 3. 部位：2#，3#桥墩处	m^3	1 290.00	282.63	106.03	88.66	7.72	38.68	18.20	23.34	
	C3-0613	编织袋 围堰	100 m^3	12.900 0	28 262.14	10 603.00	8 865.81	772.17	3 867.56	1 820.03	2 333.57	
	041106	大型机械、设备进出场及安拆、使用										
47	041106001001	回转钻机 安装、拆除费 1. 机械设计设备名称：回转钻机 2. 机械设计设备规格型号：回转钻机 ϕ2 000 以内	台·次	1	5 509.91	1 000.00		2 534.94	1 025.13	494.89	454.95	
	C1-0496	大型机械安装、拆卸一次费用 回旋钻机、冲孔桩机	台次	1	5 509.91	1 000.00		2 534.94	1 025.13	494.89	454.95	
48	041106001002	回转钻机 进出场运输费 1. 机械设计设备名称：回转钻机 2. 机械设计设备规格型号：回转钻机 ϕ2 000 以内	台·次	1	3 542.46	200.00	33.60	2 049.20	652.27	314.89	292.50	
	C1-0508	大型机械场外运输费 回旋钻机、冲孔桩机	台次	1	3 542.46	200.00	33.60	2 049.20	652.27	314.89	292.50	
49	041106001003	履带式挖掘机 进出场运输费 1. 机械设计设备名称：履带式挖掘机 2. 机械设计设备规格型号：斗容量 1.0 m^3 以内	台·次	1	1 198.16	100.00	107.79	593.32	201.06	97.06	98.93	

续表

序号	项目编码	项目名称及 项目特征描述	单位	工程量	综合单价/元	综合单价/元						
						人工费	材料费	机械费	管理费	利润	增值税	其中：暂估价
	C1-0505	大型机械场外运输费 履带式挖掘机 1.0 m^3 以内	台次	1	1 198.16	100.00	107.79	593.32	201.06	97.06	98.93	
50	041106001004	履带式推土机 进出场运输费 1. 机械设计设备名称：履带式推土机 2. 机械设计设备规格型号：功率 90 kW 以内	台·次	1	1 276.17	100.00	116.49	637.28	213.81	103.22	105.37	
	C1-0512	大型机械场外运输费 履带式推土机 90 kW 以内	台次	1	1 276.17	100.00	116.49	637.28	213.81	103.22	105.37	
51	041106001005	压路机 进出场运输费 机械设计设备名称：压路机	台·次	1	1 165.56	100.00	93.99	582.05	197.79	95.49	96.24	
	C1-0514	大型机械场外运输费 压路机	台次	1	1 165.56	100.00	93.99	582.05	197.79	95.49	96.24	

注：一般计税法的增值税为增值税销项税（各项费用的价格不包含增值税进项税额）；
简易计税法的增值税为应纳增值税（各项费用的价格包含增值税进项税额）。

5.6 实训任务

1. 某桥梁盖梁示意图如图 5.19 所示，现浇混凝土强度等级为 C30，全桥共 8 个盖梁，试编制盖梁混凝土工程量清单。

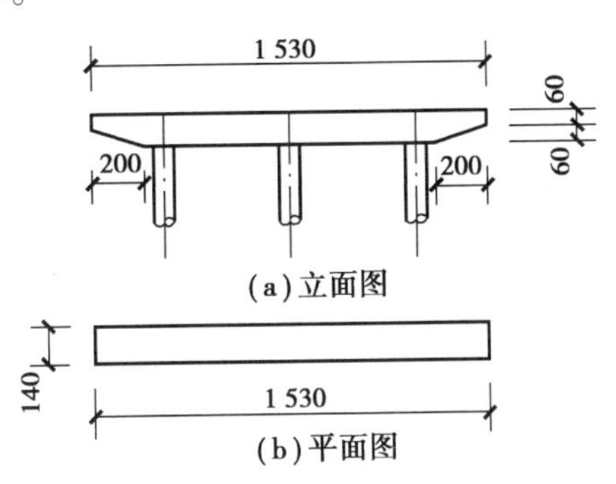

图 5.19　盖梁示意图(单位:cm)

2. 如图 5.20 所示，自然地坪标高为 0.5 m，桩顶标高为-0.3 m，设计桩长为 21 m(包括桩尖)。桥台基础共有 10 根 C30 预制钢筋混凝土方桩，采用焊接接桩，试计算打桩的工程量。

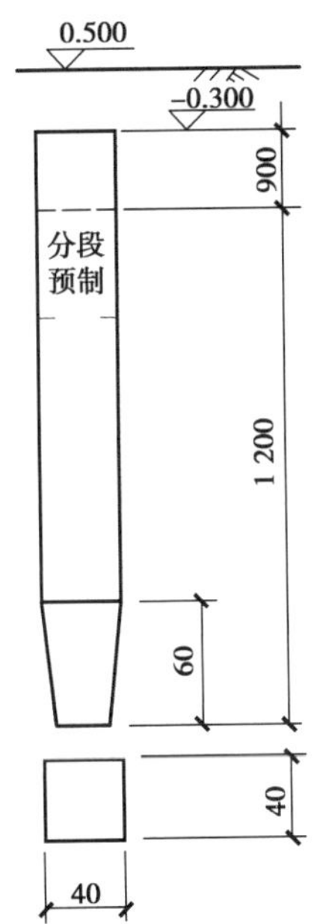

图 5.20　钢筋混凝土方桩示意图(单位:cm)

3. 某桥台肋板如图 5.21 所示，现浇混凝土强度等级为 C30，全桥共 24 块桥台肋板，试计算盖梁混凝土清单和定额的工程量。

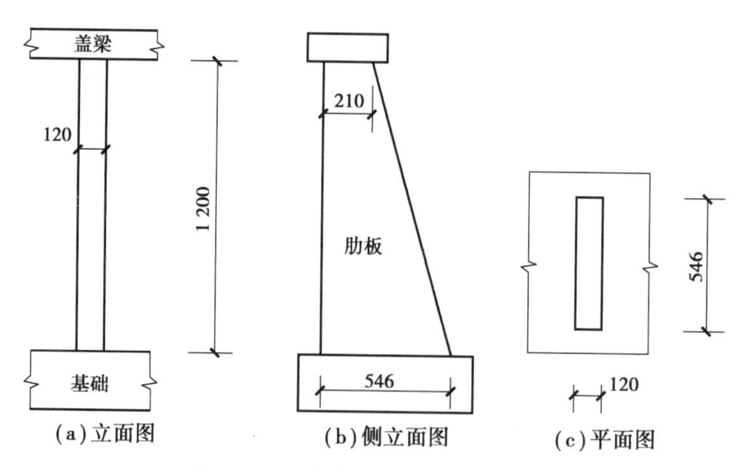

图 5.21　桥台肋板示意图(单位:cm)

4. 某桥梁工程采用预制钢筋混凝土箱梁,箱梁结构如图 5.22 所示,已知每根梁长为 15 m,该桥总长为 60 m,桥面总宽为 26 m,双向六车道。试计算该工程的预制箱梁混凝土工程量、模板工程量。

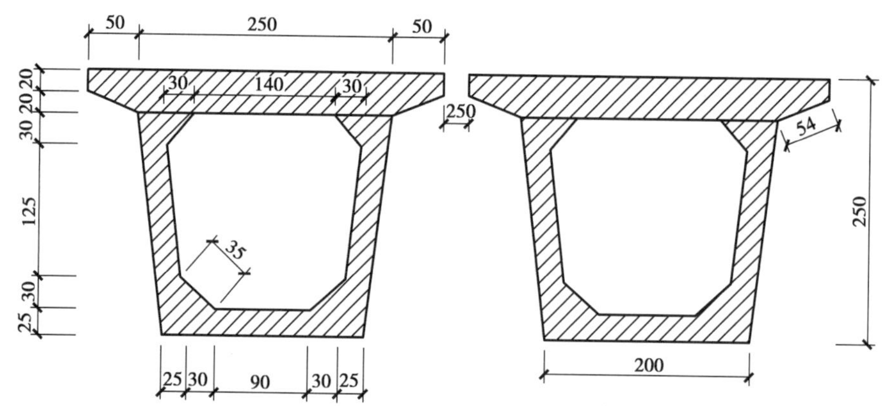

图 5.22　箱梁结构示意图(单位:cm)

参考文献

References

[1] 中华人民共和国住房和城乡建设部. 市政工程工程量计算规范：GB 50857—2013[S]. 北京：中国计划出版社，2013.

[2] 规范编制组. 2013 建设工程计价计量规范辅导[M]. 北京：中国计划出版社，2013.

[3] 广西壮族自治区建设工程造价管理总站. 建设工程工程量计算规范广西壮族自治区实施细则 [S]. 2013.

[4] 广西壮族自治区建设工程造价管理总站. 2014 广西壮族自治区市政工程费用定额[M]. 北京:中国建筑工业出版社,2014.

[5] 广西壮族自治区建设工程造价管理总站. 2014 广西壮族自治区市政工程消耗量定额[M]. 北京:中国建筑工业出版社,2014.

[6] 广西壮族自治区建设工程造价管理总站. 2013 广西壮族自治区建筑装饰装修工程人工材料配合比机械台班基期价[M]. 北京:中国建筑工业出版社,2014.

[7] 广西壮族自治区建设工程造价管理总站. 广西壮族自治区市政工程计价宣贯辅导材料[M]. 北京:中国建筑工业出版社,2014.

[8] 广西壮族自治区建设工程造价管理总站. 广西壮族自治区工程量清单及招标控制价编制示范文本[S]. 2011.

[9] 周慧玲. 建筑与装饰工程工程量清单计价[M]. 北京：中国建筑工业出版社，2014.

[10] 王云江，丛福祥. 市政工程计量与计价实例解析[M]. 北京：化学工业出版社，2013.

[11] 高宗峰. 市政工程工程量清单计价细节解析与实例详解[M]. 武汉：华中科技大学出版社，2014.

[12] 全国一级建造师执业资格考试用书编写委员会. 全国一级建造师执业资格考试用书[M]. 北京：中国建筑工业出版社，2011.

[13] 祝丽思，刘春霞. 市政工程工程量清单计价[M]. 北京：中国铁道出版社，2018.

[14] 李瑜. 市政工程计量与计价[M]. 北京：中国建筑工业出版社，2017.

[15] 李瑜. 市政工程计量与计价实训[M]. 北京：中国建筑工业出版社，2019.

[16] 袁建新. 市政工程计量与计价[M]. 4 版. 北京：中国建筑工业出版社，2018.

[17] 祝丽思. 市政工程计量与计价[M]. 北京：北京理工大学出版社，2020.

[18] 郭良娟. 市政工程计量与计价[M]. 3 版. 北京：北京大学出版社，2017.

[19] 史永红，雷建平. 市政工程计量与计价[M]. 北京：中国电力出版社，2020.

[20] 宋芳，余连月. 建筑工程定额与预算[M]. 2 版. 北京：机械工业出版社，2015.